Xin Gouzhen Huayang
Rumen 600 Li

新钩针花样

入门600例

冒桂香　主编

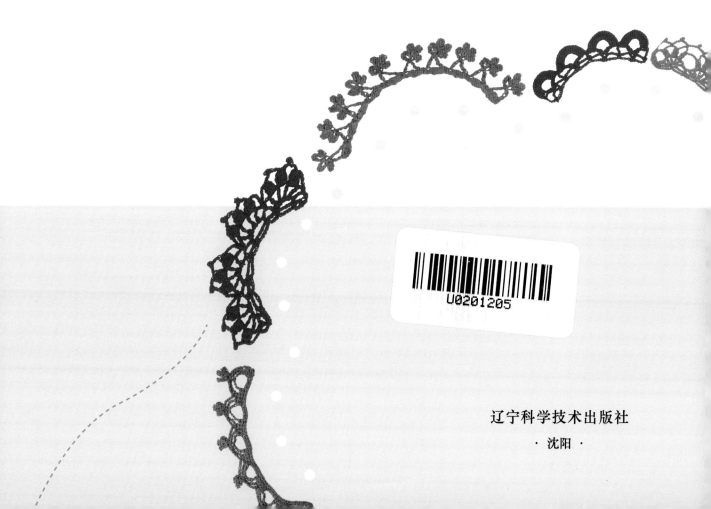

辽宁科学技术出版社

·沈阳·

本书编委会

主　编　冒桂香

编　委　罗　超　贺　丹　谭阳春　李玉栋

图书在版编目（CIP）数据

新钩针花样入门600例/冒桂香主编. —沈阳：辽宁科学技
术出版社，2012.8
　　ISBN 978-7-5381-7558-5

　　I. ①新… II. ①冒… III. ①钩针—编织—图集
IV. ① TS935.521-64

中国版本图书馆CIP数据核字（2012）第139629号

如有图书质量问题，请电话联系
湖南攀辰图书发行有限公司
地址：长沙市车站北路236号芙蓉国土局B栋1401室
邮编：410000
网址：www.penqen.cn
电话：0731-82276692　82276693

出版发行：辽宁科学技术出版社
　　　　　（地址：沈阳市和平区十一纬路29号　邮编：110003）
印　刷　者：湖南新华精品印务有限公司
经　销　者：各地新华书店
幅面尺寸：210mm × 285mm
印　　张：9.5
字　　数：50千字
出版时间：2012年8月第1版
印刷时间：2012年8月第1次印刷
责任编辑：郭　莹　攀　辰
摄　　影：郭　力
封面设计：多米诺设计·咨询　吴颖辉　黄凯妮
版式设计：攀辰图书
责任校对：合　力

书　　号：ISBN 978-7-5381-7558-5
定　　价：36.80元
联系电话：024-23284376
邮购热线：024-23284502
淘宝商城：http://lkjcbs.tmall.com
E-mail：lnkjc@126.com
http：//www.lnkj.com.cn
本书网址：www.lnkj.cn/uri.sh/7558

11 针 1 组花样

 /001

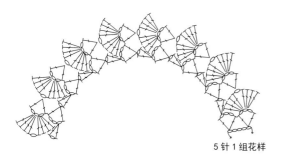

5 针 1 组花样

/002

9 针 1 组花样

/003

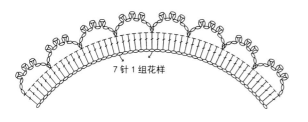

7 针 1 组花样

/004

005/

006/

007/

008/

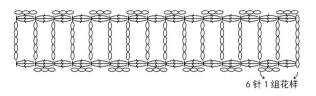

/009

6针1组花样

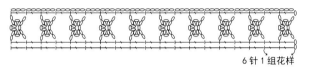

/010

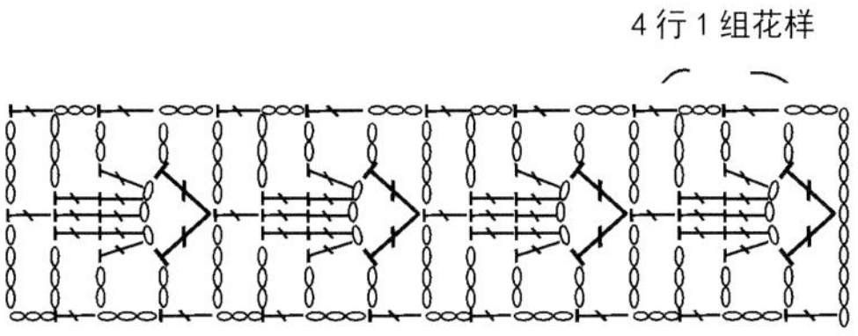

6针1组花样

4行1组花样

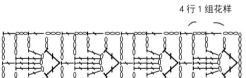

/011

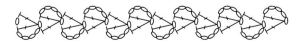

/012

 013/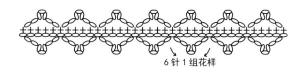

6针1组花样

 014/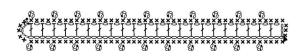

 015/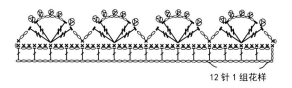

12针1组花样

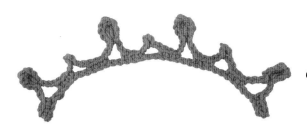 016/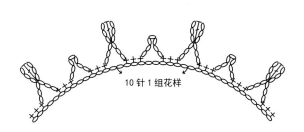

10针1组花样

8 针 1 组花样

/017

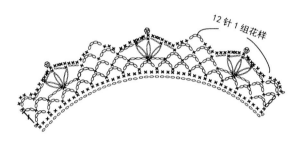

12 针 1 组花样

/018

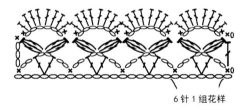

6 针 1 组花样

/019

4 针 1 组花样

/020

021/

022/

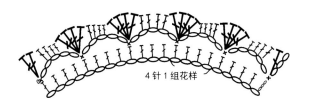

4 针 1 组花样

023/

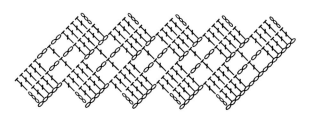

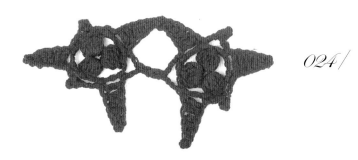

024/

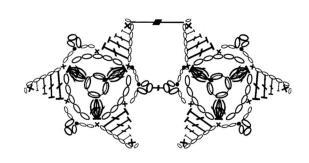

/025

/026

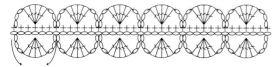

7 针 1 组花样

/027

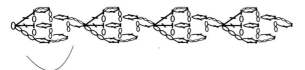

4 行 1 组花样

/028

 029 /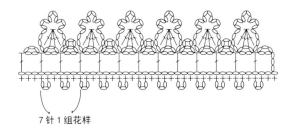

7针1组花样

 030 /

 031 /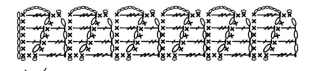

4行1组花样

 032 /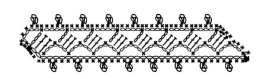

/033

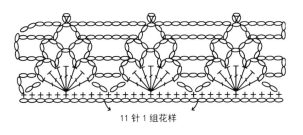 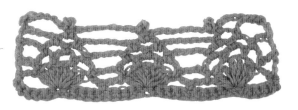

/034

11 针 1 组花样

/035

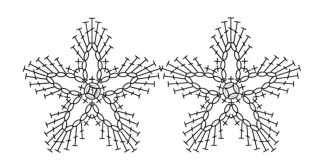 

/036

 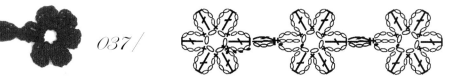

037/

038/

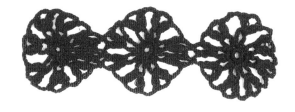 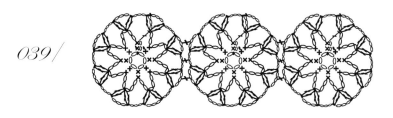

039/

 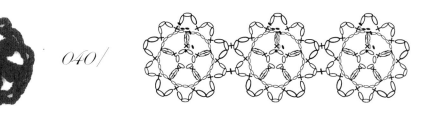

040/

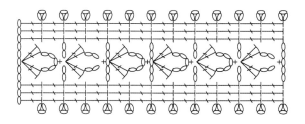

/041

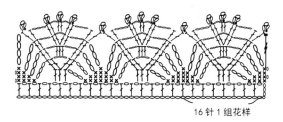

16 针 1 组花样

/042

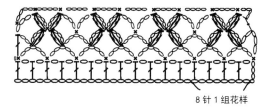

8 针 1 组花样

/043

10 针 1 组花样

/044

045/

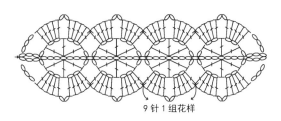

9 针 1 组花样

046/

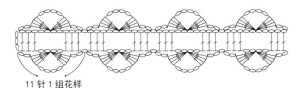

11 针 1 组花样

047/

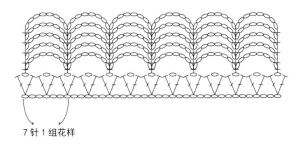

7 针 1 组花样

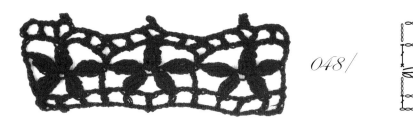

048/

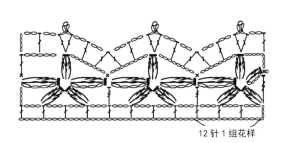

12 针 1 组花样

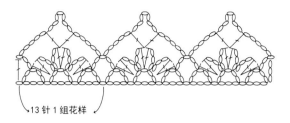

13针1组花样

/049

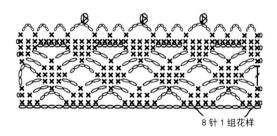

8针1组花样

/050

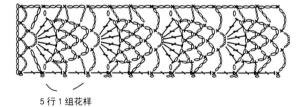
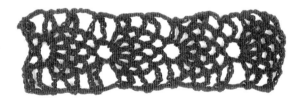

5行1组花样

/051

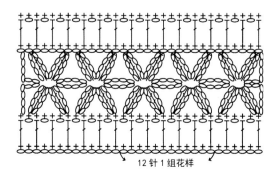

12针1组花样

/052

053/

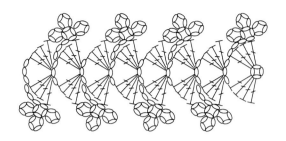

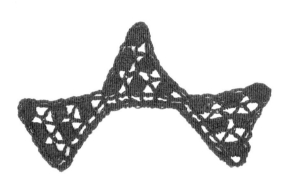

054/

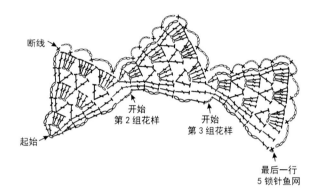

断线

起始

开始
第2组花样

开始
第3组花样

最后一行
5锁针鱼网

055/

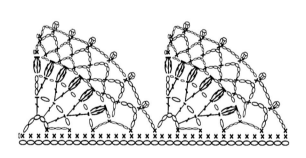

056/

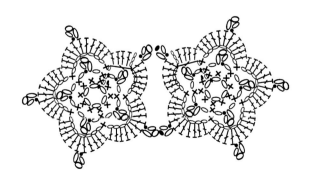

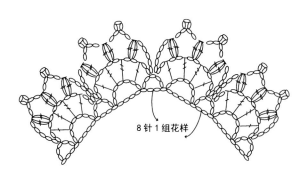

8针1组花样

/057

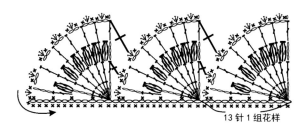

13针1组花样

/058

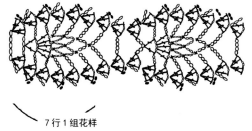

7行1组花样

/059

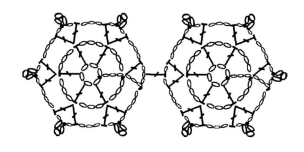

/060

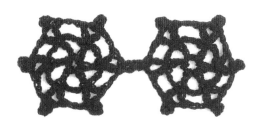

061 /

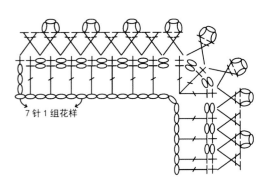

7 针 1 组花样

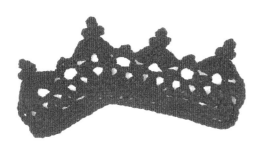

062 /

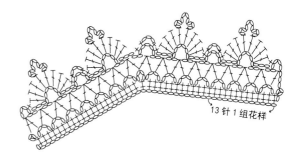

13 针 1 组花样

063 /

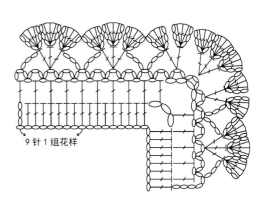

9 针 1 组花样

064 /

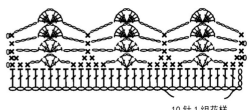

10 针 1 组花样

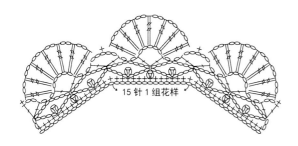

15 针 1 组花样

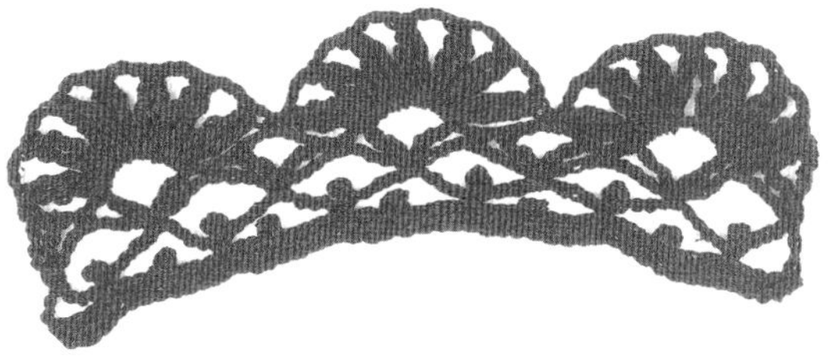

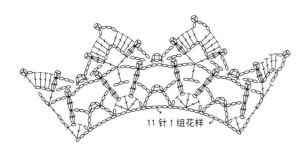

/065

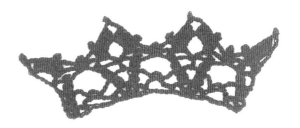

11 针 1 组花样

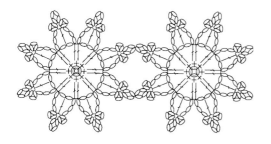

/066

/067

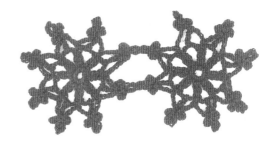

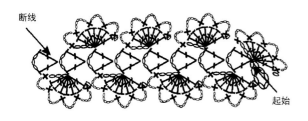

断线
起始

/068

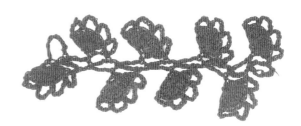

069/

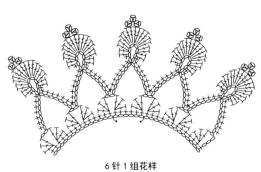

6针1组花样

070/

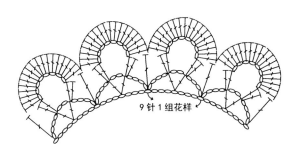

9针1组花样

071/

15针1组花样

072/

14针1组花样

/073

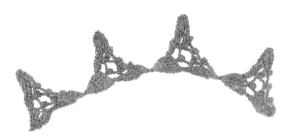

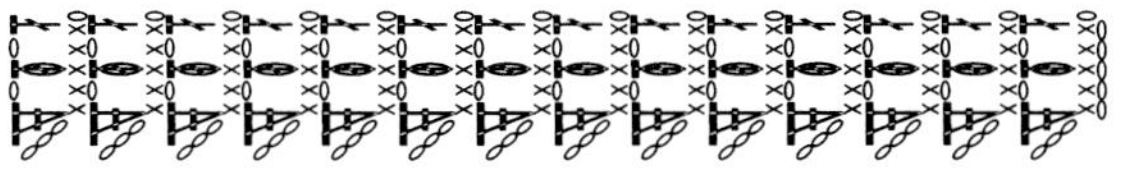

/074

/075

12 针 1 组花样

/076

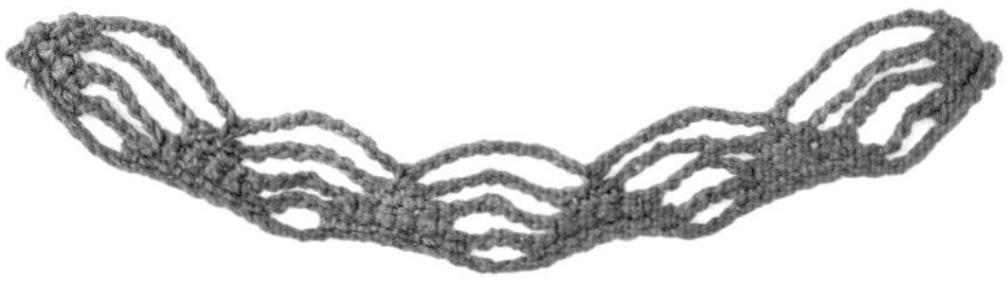

077/

3行1组花样

078/

2行
1组
花样

079/

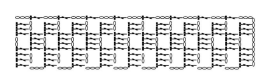

080/

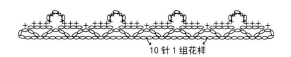

10针1组花样

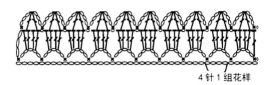

4针1组花样

/081

断线　　　　　　　　　　　　　　起始

/082

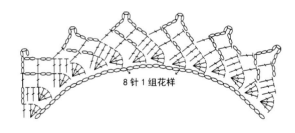

8针1组花样

/083

5针1组花样

/084

 *085/*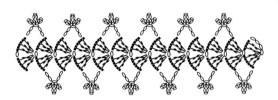

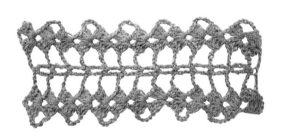 *086/*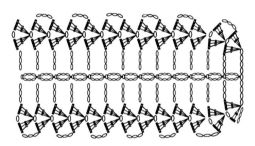

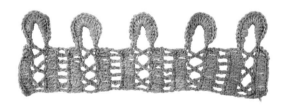 *087/*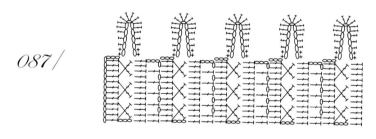

 *088/*

18 针 1 组花样

/089

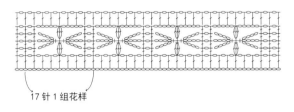

17 针 1 组花样

/090

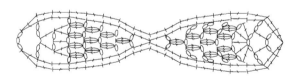

/091

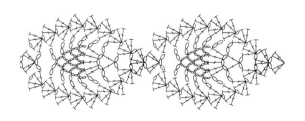

/092

 093/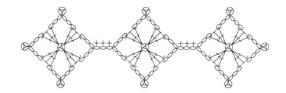

 094/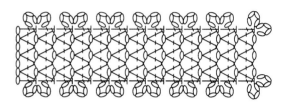

 095/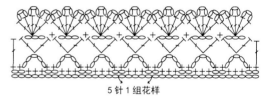

5 针 1 组花样

 096/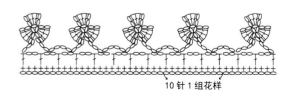

10 针 1 组花样

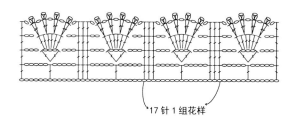

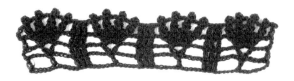

17 针 1 组花样

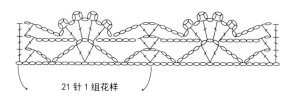

/097

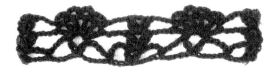

21 针 1 组花样

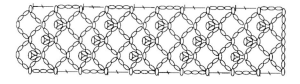

/098

/099

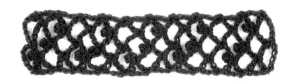

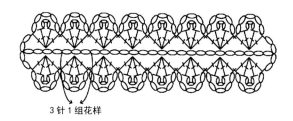

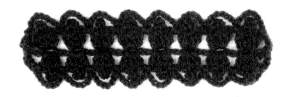

3 针 1 组花样

/100

 *101/*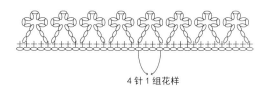

4 针 1 组花样

 *102/*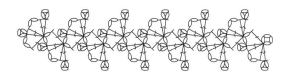

 *103/*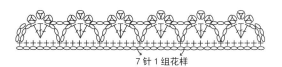

7 针 1 组花样

 *104/*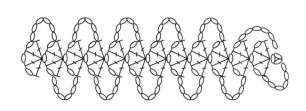

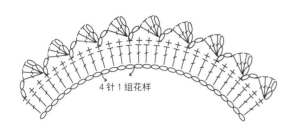

4 针 1 组花样

/105

7 针 1 组花样

/106

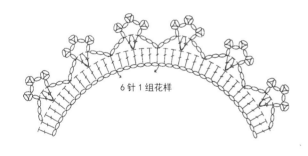

6 针 1 组花样

/107

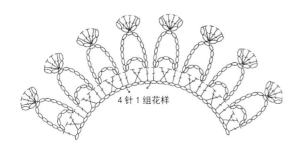

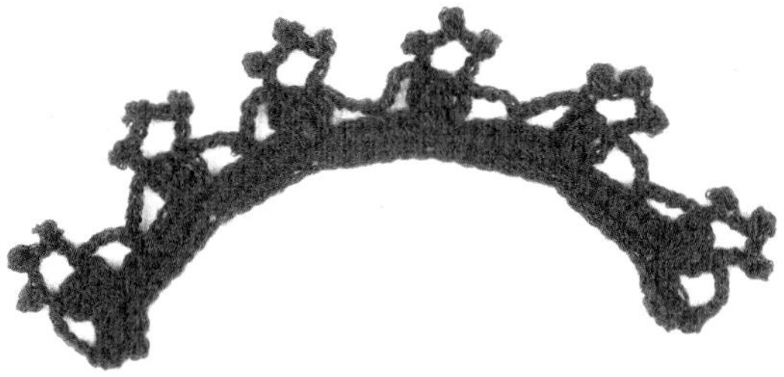

4 针 1 组花样

/108

 109/

 110/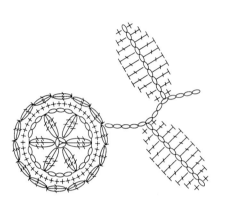

 111/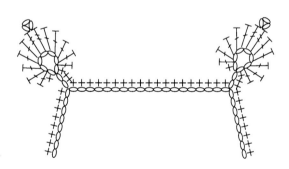

112/

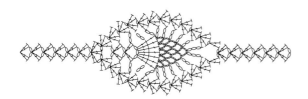

/113

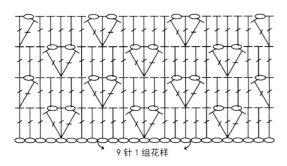

9针1组花样

/114

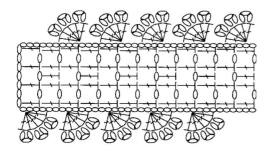

/115

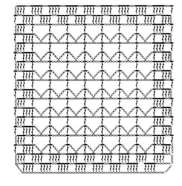

/116

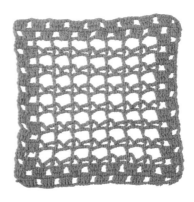

/117/

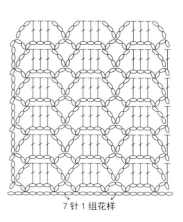

7 针 1 组花样

/118/

11 针 1 组花样

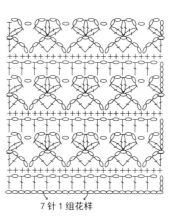

/119/

7 针 1 组花样

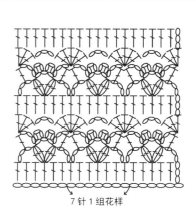

/120/

7 针 1 组花样

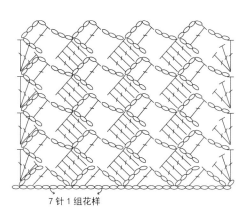

/121

7 针 1 组花样

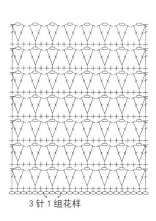

/122

3 针 1 组花样

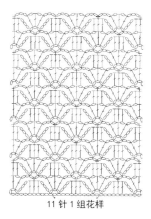

/123

11 针 1 组花样

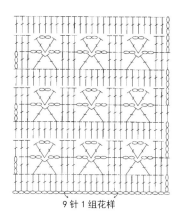

/124

9 针 1 组花样

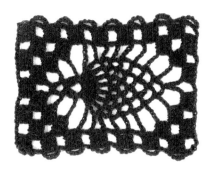

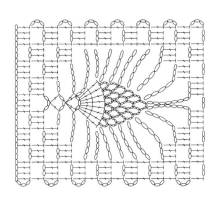

125/

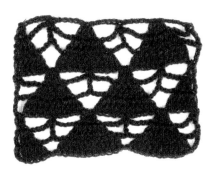

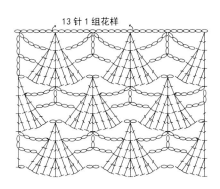

126/

13 针 1 组花样

127/

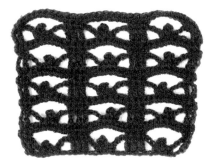

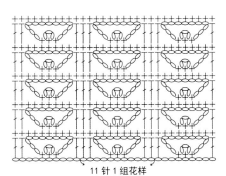

11 针 1 组花样

128/

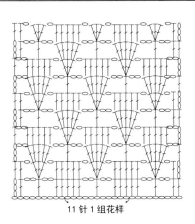

11 针 1 组花样

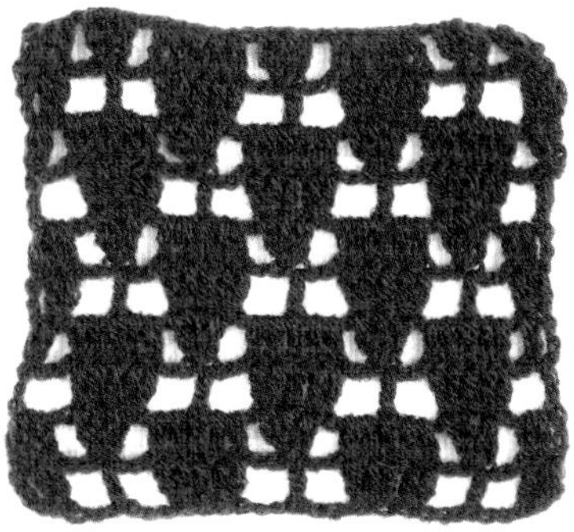

/129

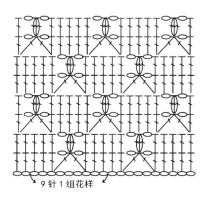

/130

9 针 1 组花样

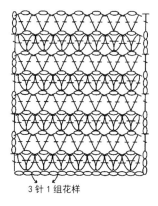

/131

3 针 1 组花样

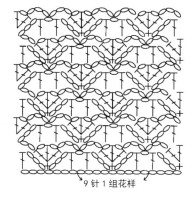

/132

9 针 1 组花样

133/

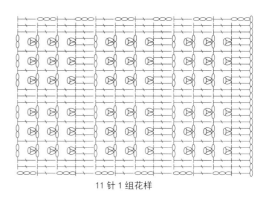

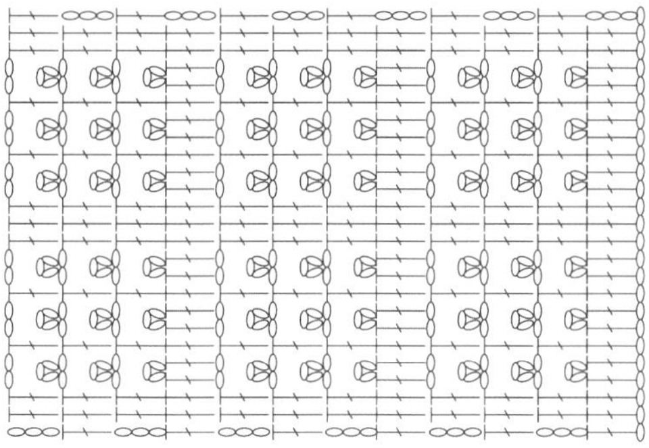

11 针 1 组花样

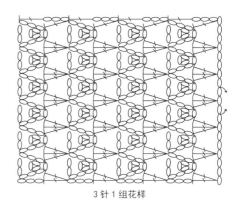

134/

3 针 1 组花样

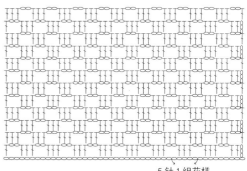

135/

5 针 1 组花样

136/

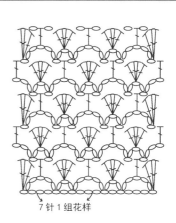

7 针 1 组花样

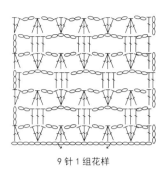

9 针 1 组花样

/137

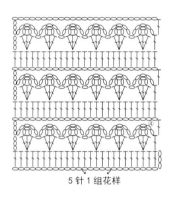

5 针 1 组花样

/138

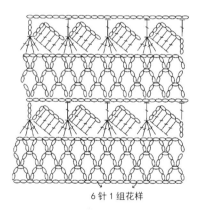

6 针 1 组花样

/139

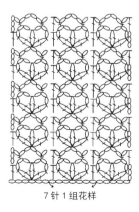

7 针 1 组花样

/140

141/

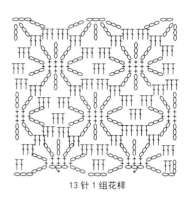

13 针 1 组花样

142/

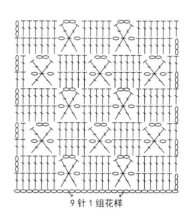

9 针 1 组花样

143/

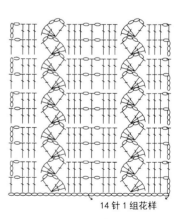

14 针 1 组花样

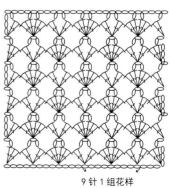

144/

9 针 1 组花样

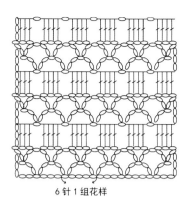

6 针 1 组花样

/145

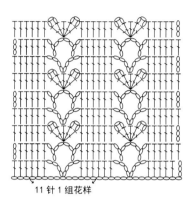

11 针 1 组花样

/146

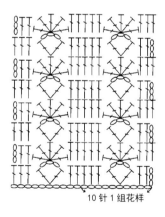

10 针 1 组花样

/147

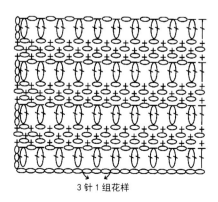

3 针 1 组花样

/148

149 /

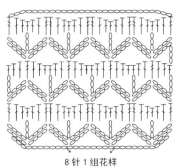

8 针 1 组花样

150 /

7 针 1 组花样

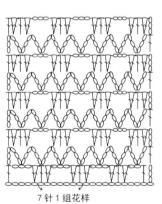

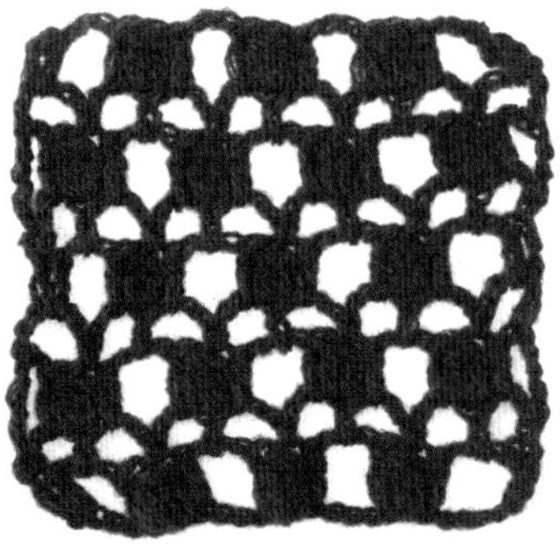

151 /

7 针 1 组花样

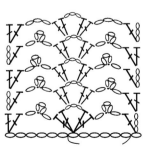

152 /

6 针 1 组花样

11 针 1 组花样

/153

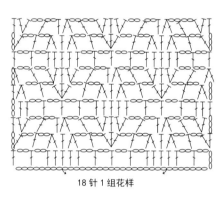

18 针 1 组花样

/154

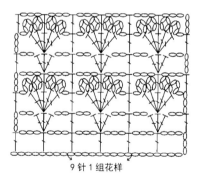

9 针 1 组花样

/155

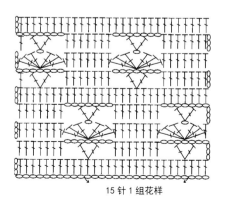

15 针 1 组花样

/156

157/

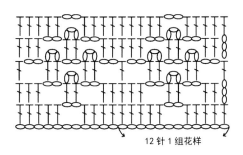

12 针 1 组花样

158/

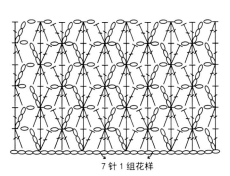

7 针 1 组花样

159/

4 针 1 组花样

160/

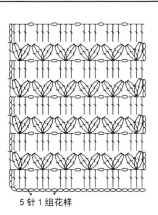

5 针 1 组花样

8针1组花样

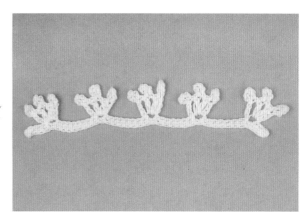

/161

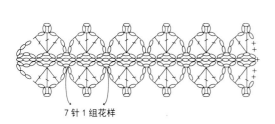

7针1组花样

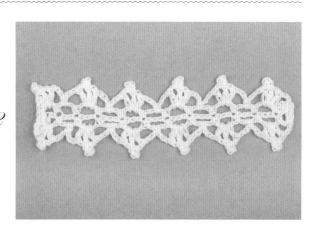

/162

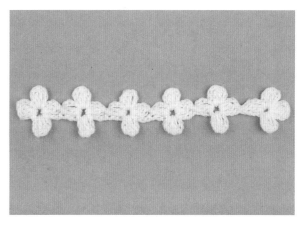

/163

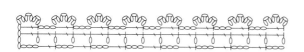

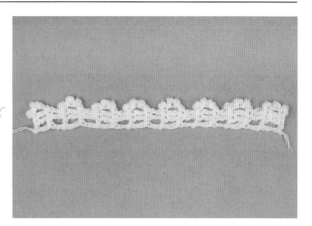

/164

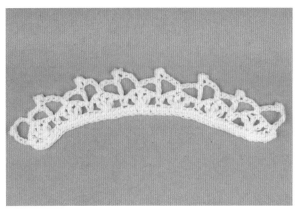

 165/

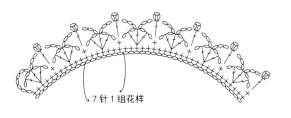

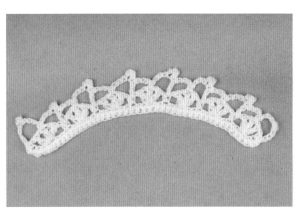 166/

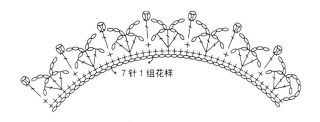

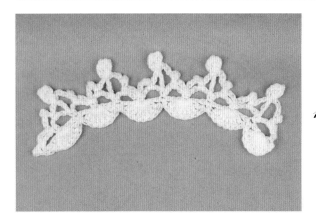 167/

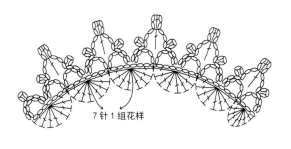

 168/

7针1组花样

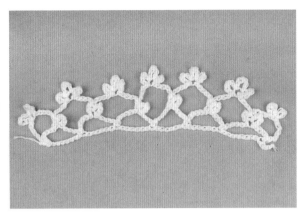

/169

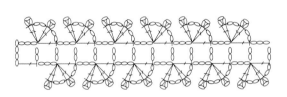

/170

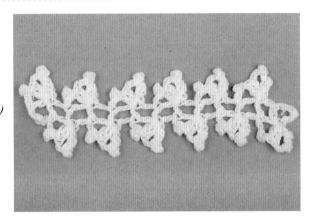

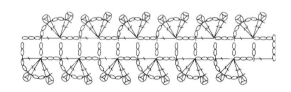

/171

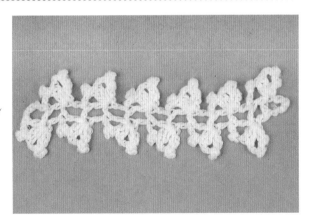

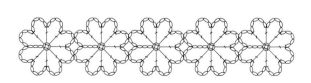

/172

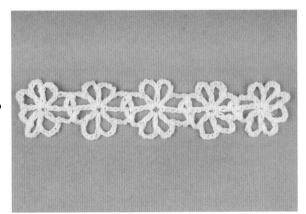

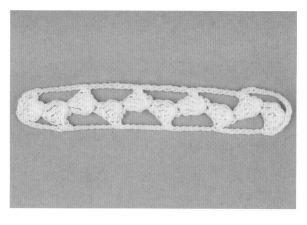

 173/

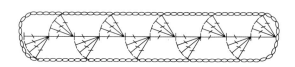

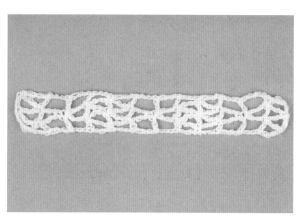 174/

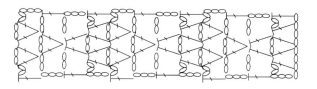

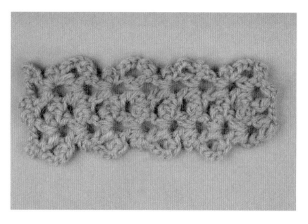 175/

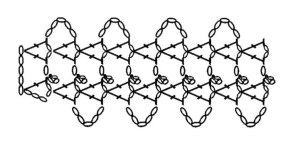

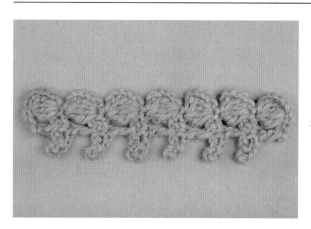 176/

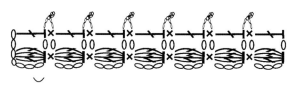

2行1组花样

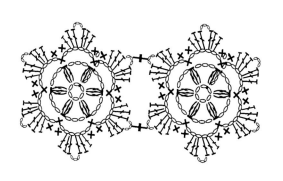

/177

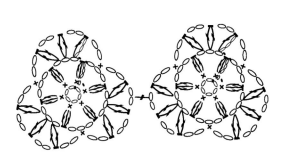

/178

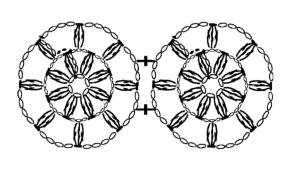

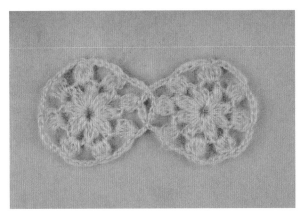

/179

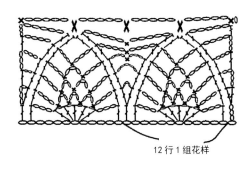

12行1组花样

/180

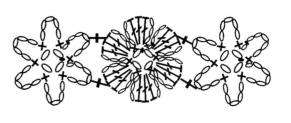

181/

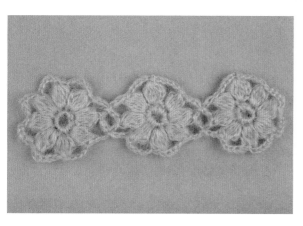

182/

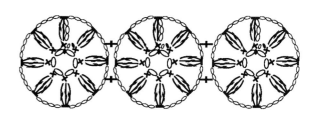

183/

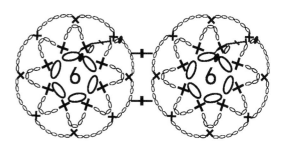

184/

8 行 1 组花样

/185

/186

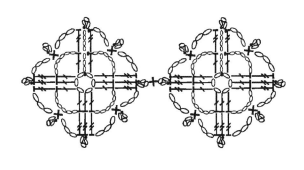

/187

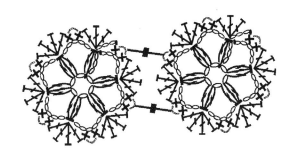

/188

189/

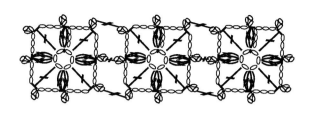

190/

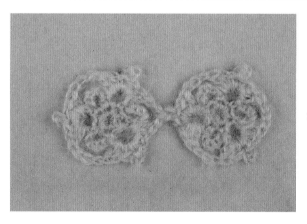

191/

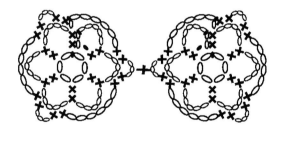

192/

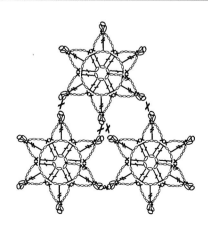

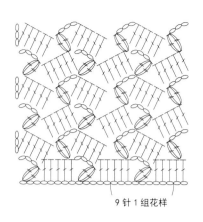

9 针 1 组花样

/193

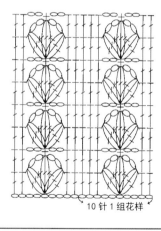

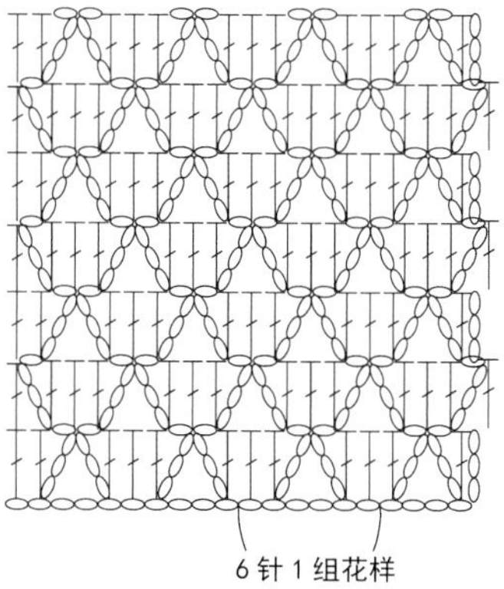

6 针 1 组花样

/194

10 针 1 组花样

/195

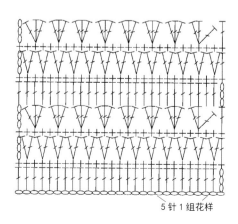

5 针 1 组花样

/196

197/

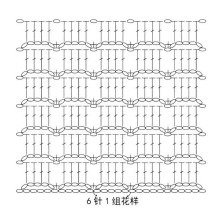

6 针 1 组花样

198/

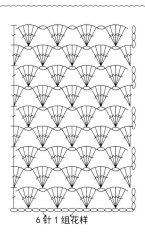

6 针 1 组花样

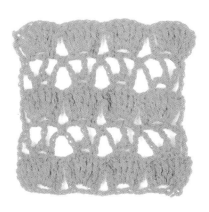

199/

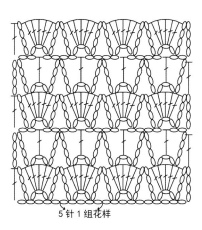

5 针 1 组花样

200/

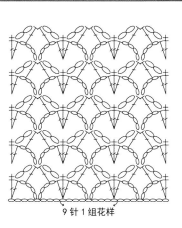

9 针 1 组花样

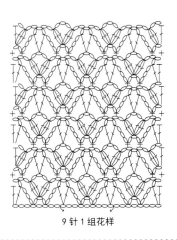

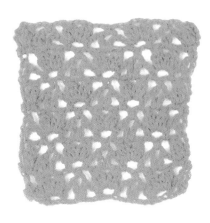

9针1组花样

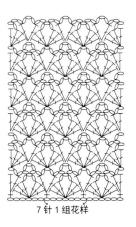

/201

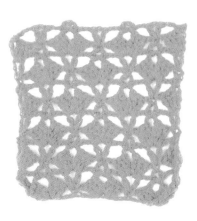

7针1组花样

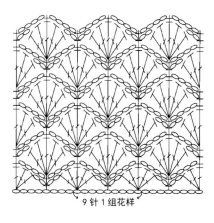

/202

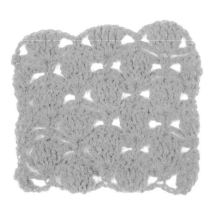

9针1组花样

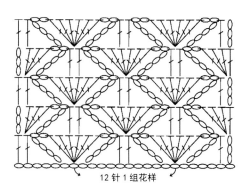

/203

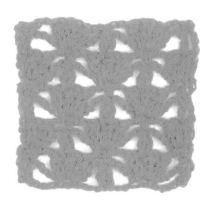

12针1组花样

/204

205/

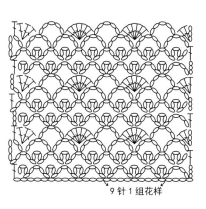

9 针 1 组花样

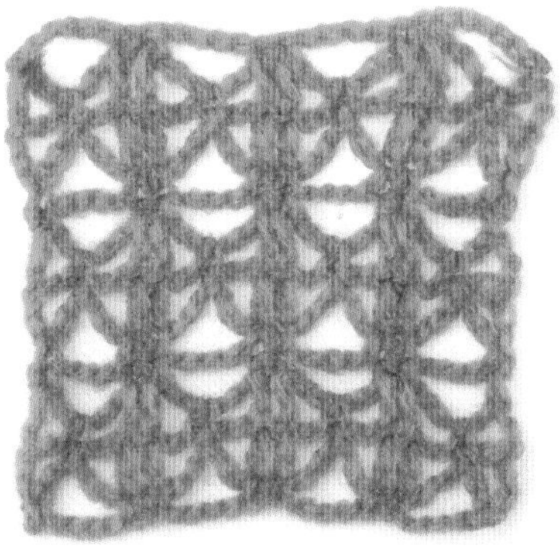

206/

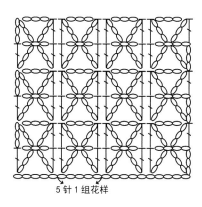

5 针 1 组花样

207/

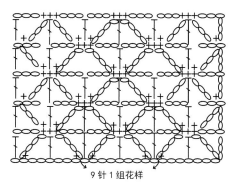

9 针 1 组花样

208/

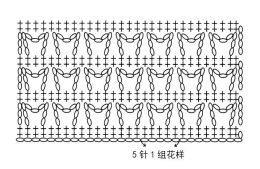

5 针 1 组花样

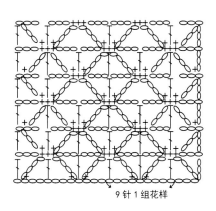

9 针 1 组花样

/209

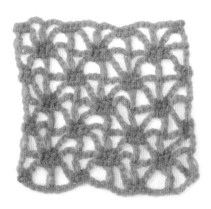

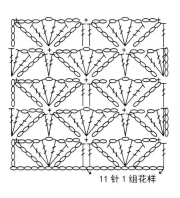

11 针 1 组花样

/210

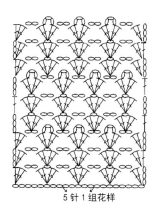

5 针 1 组花样

/211

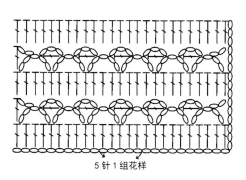

5 针 1 组花样

/212

213/

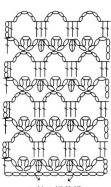

5 针 1 组花样

214/

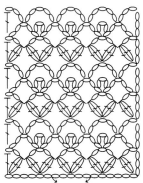

5 针 1 组花样

215/

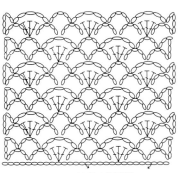

11 针 1 组花样

216/

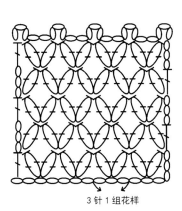

3 针 1 组花样

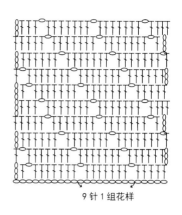

9 针 1 组花样

/217

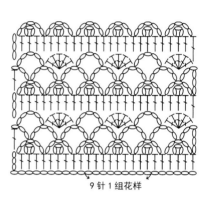

9 针 1 组花样

/218

6 针 1 组花样

/219

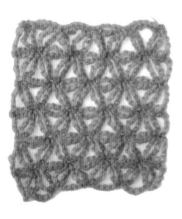

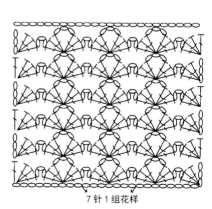

7 针 1 组花样

/220

221 /

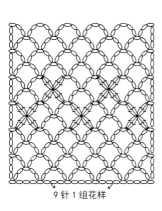

9 针 1 组花样

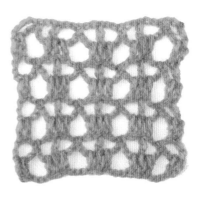

222 /

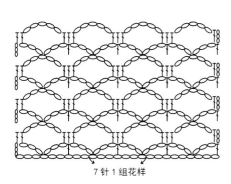

7 针 1 组花样

223 /

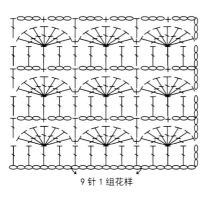

9 针 1 组花样

224 /

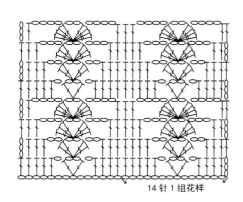

14 针 1 组花样

最后一步
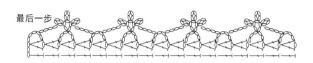

/225

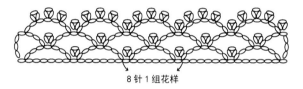

8 针 1 组花样

/226

14 针 1 组花样

/227

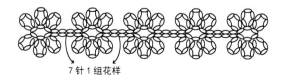

7 针 1 组花样

/228

229/

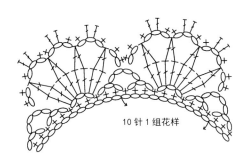

10 针 1 组花样

230/

13 针 1 组花样

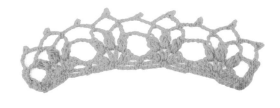

231/

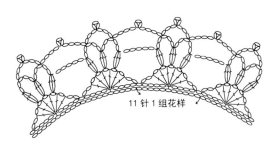

11 针 1 组花样

232/

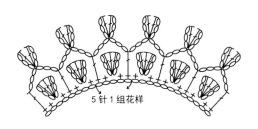

5 针 1 组花样

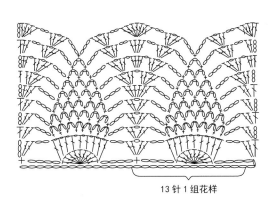

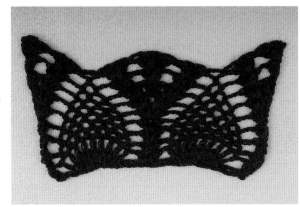

13 针 1 组花样

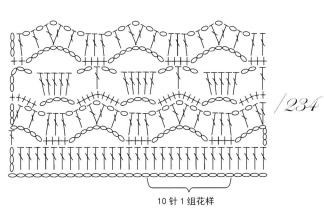

/233

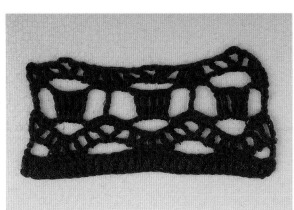

10 针 1 组花样

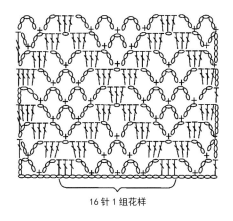

/234

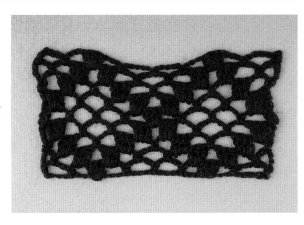

16 针 1 组花样

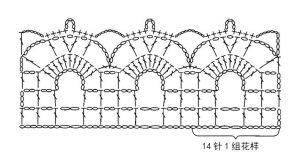

/235

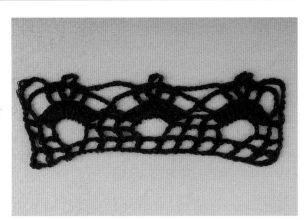

14 针 1 组花样

/236

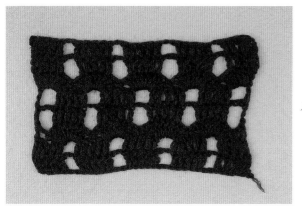

237/

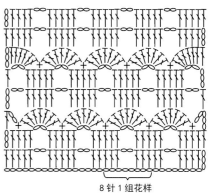

8 针 1 组花样

238/

239/

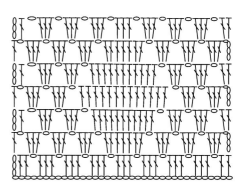

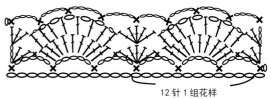

240/

12 针 1 组花样

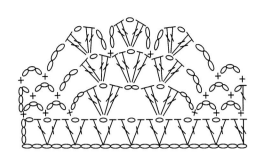

/241

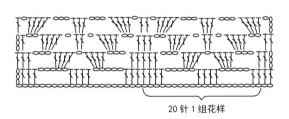

20 针 1 组花样

/242

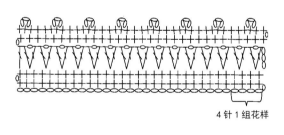

4 针 1 组花样

/243

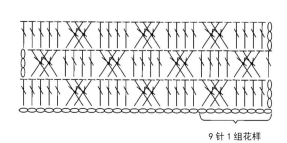

9 针 1 组花样

/244

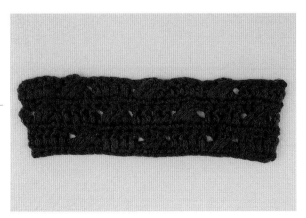

245/

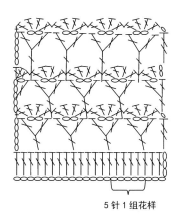

5 针 1 组花样

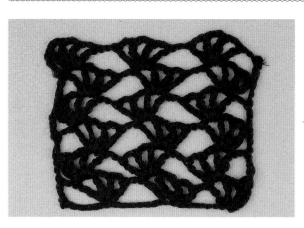

246/

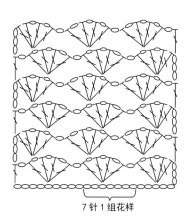

7 针 1 组花样

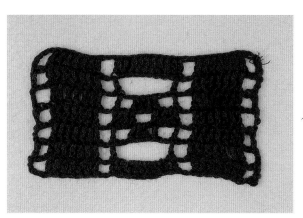

247/

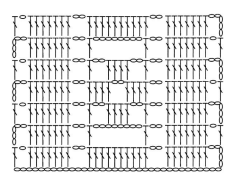

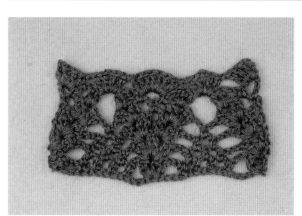

248/

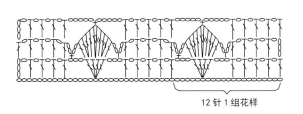

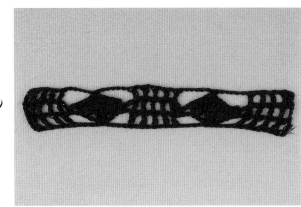

/249

12 针 1 组花样

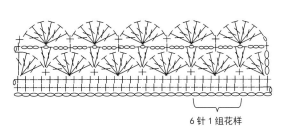

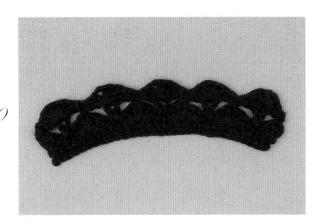

/250

6 针 1 组花样

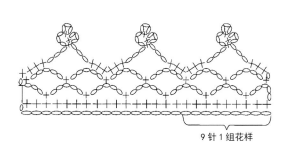

/251

9 针 1 组花样

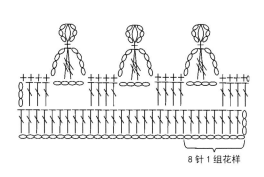

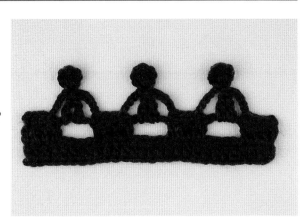

/252

8 针 1 组花样

253/

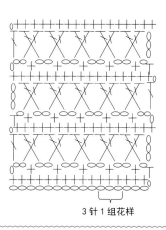

3 针 1 组花样

254/

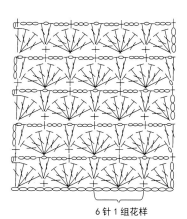

6 针 1 组花样

255/

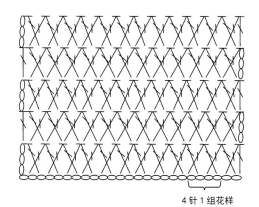

4 针 1 组花样

256/

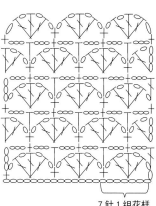

7 针 1 组花样

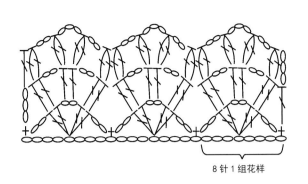

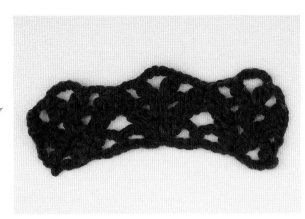

8针1组花样

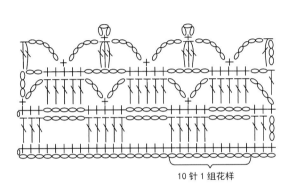

/257

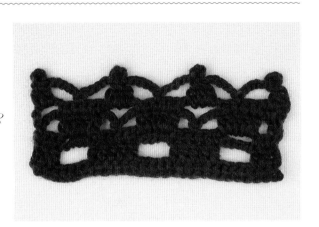

10针1组花样

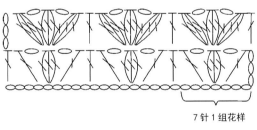

/258

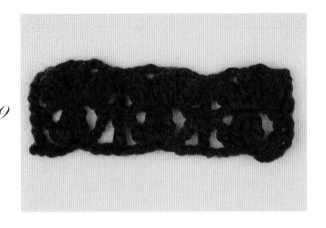

7针1组花样

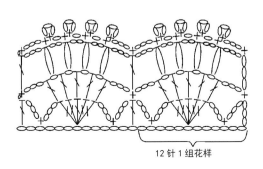

/259

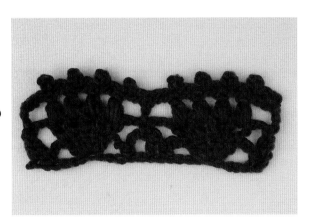

12针1组花样

/260

261/

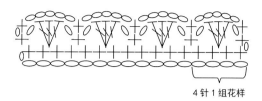

4 针 1 组花样

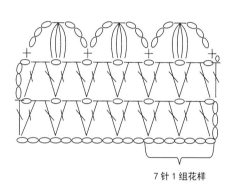

262/

7 针 1 组花样

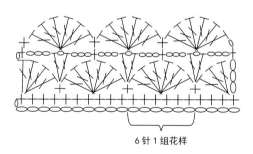

263/

6 针 1 组花样

264/

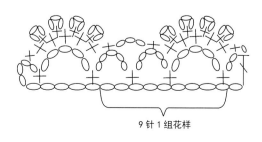

9 针 1 组花样

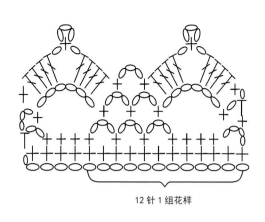

/265

12 针 1 组花样

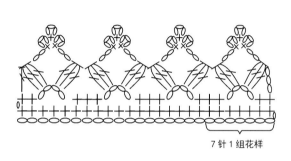

/266

7 针 1 组花样

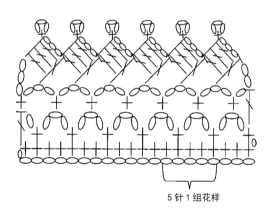

/267

5 针 1 组花样

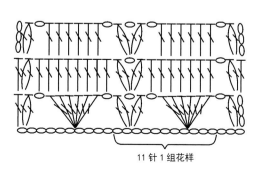

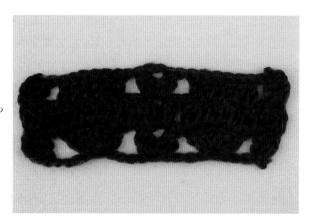

/268

11 针 1 组花样

269/

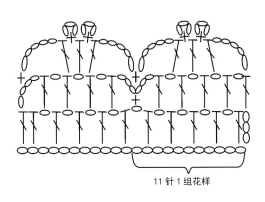

11 针 1 组花样

270/

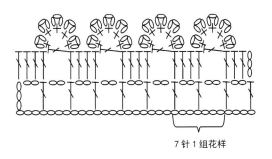

7 针 1 组花样

271/

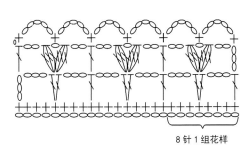

8 针 1 组花样

272/

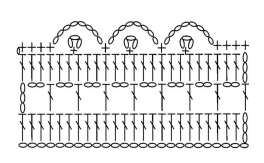

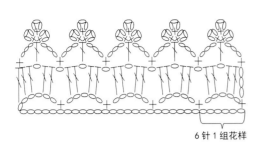

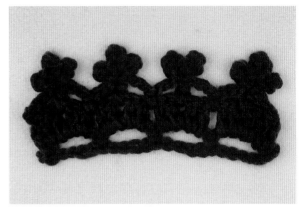

6 针 1 组花样

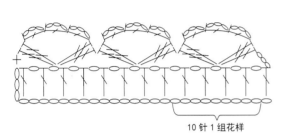

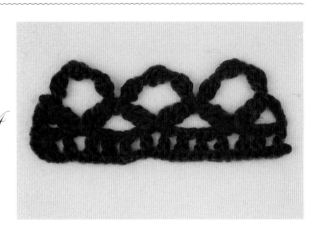

/273

10 针 1 组花样

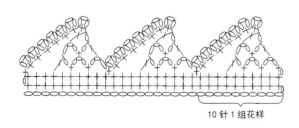

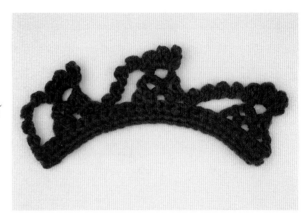

/274

10 针 1 组花样

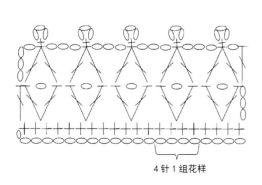

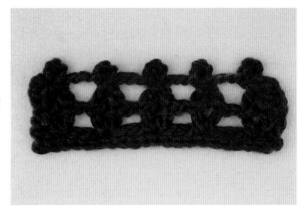

/275

4 针 1 组花样

/276

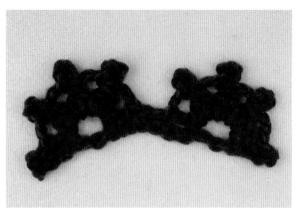

277/

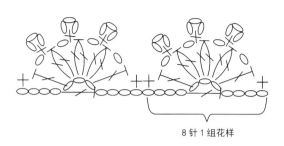

8 针 1 组花样

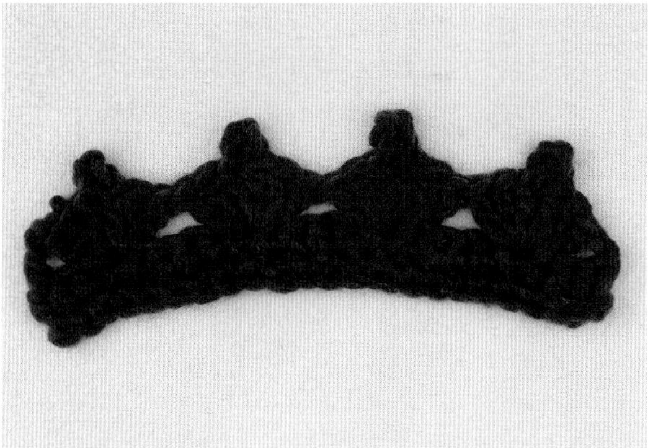

278/

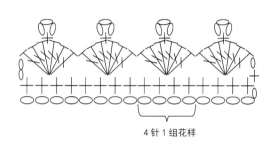

4 针 1 组花样

279/

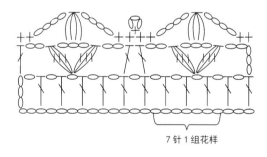

7 针 1 组花样

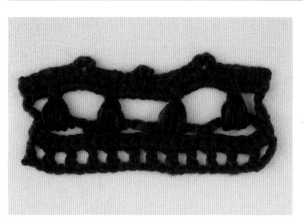

280/

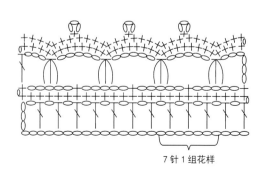

7 针 1 组花样

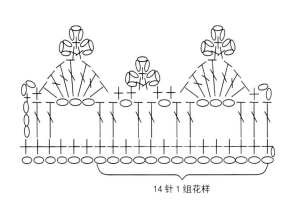

/281

14 针 1 组花样

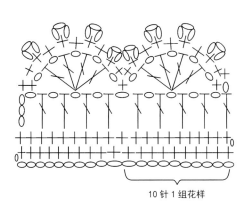

/282

10 针 1 组花样

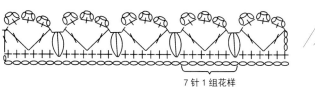

/283

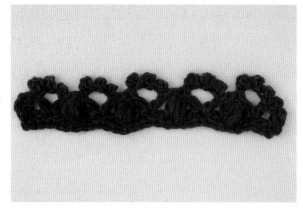

7 针 1 组花样

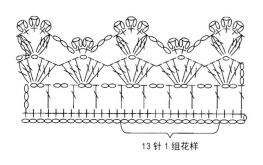

/284

13 针 1 组花样

285/

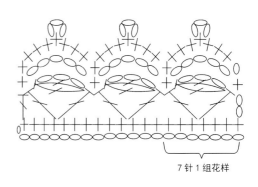

7 针 1 组花样

286/

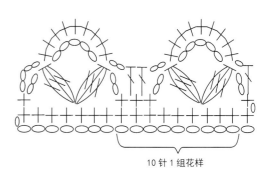

10 针 1 组花样

287/

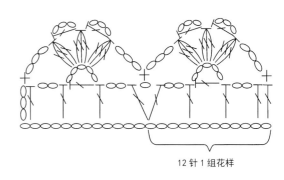

12 针 1 组花样

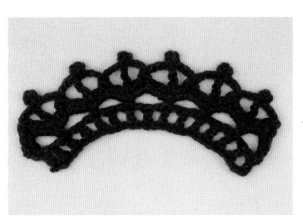

288/

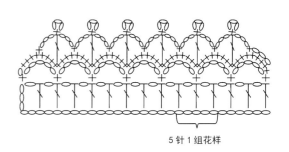

5 针 1 组花样

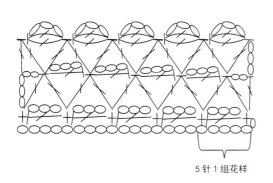

/289

5针1组花样

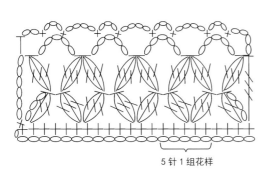

/290

5针1组花样

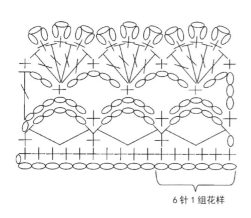

/291

6针1组花样

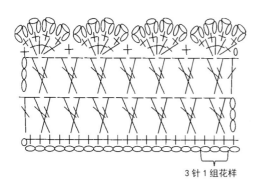

/292

3针1组花样

293/

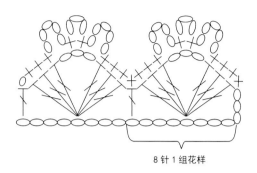

8 针 1 组花样

294/

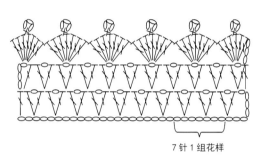

7 针 1 组花样

295/

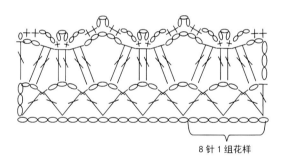

8 针 1 组花样

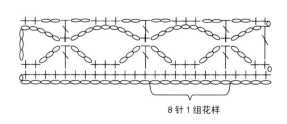

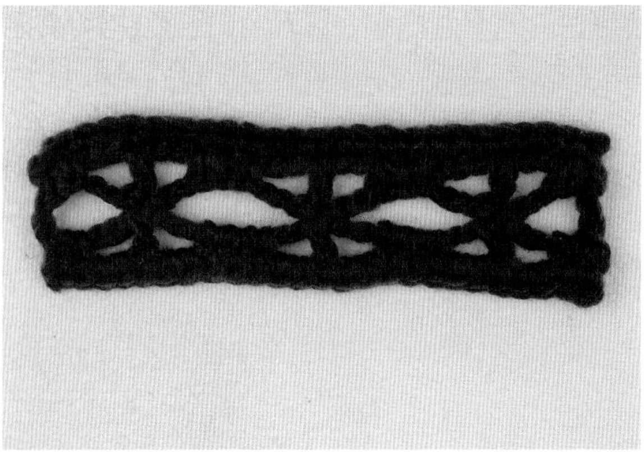

296/

8 针 1 组花样

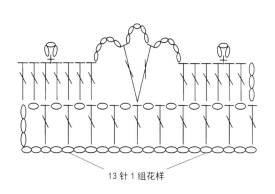

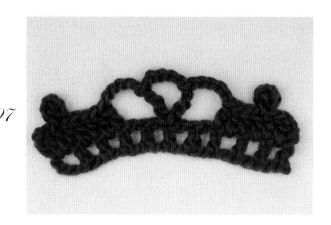

13 针 1 组花样

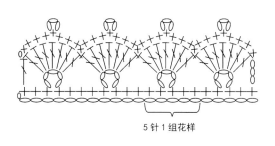

/297

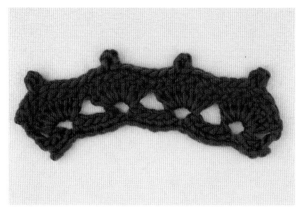

5 针 1 组花样

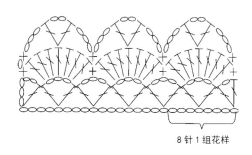

/298

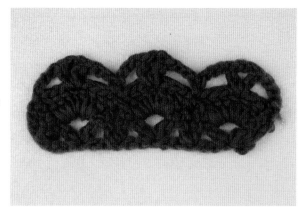

8 针 1 组花样

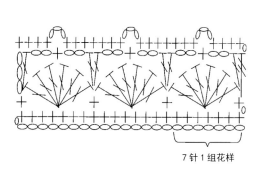

/299

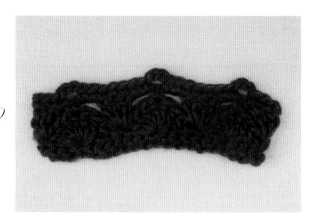

7 针 1 组花样

/300

301/

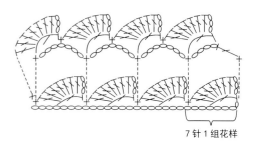

7 针 1 组花样

302/

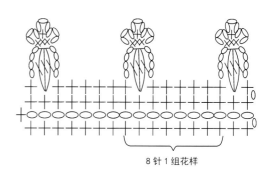

8 针 1 组花样

303/

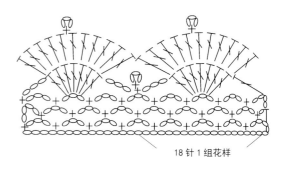

18 针 1 组花样

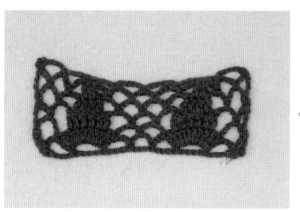

304/

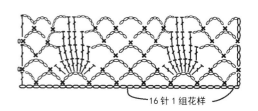

16 针 1 组花样

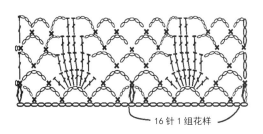

16 针 1 组花样

/305

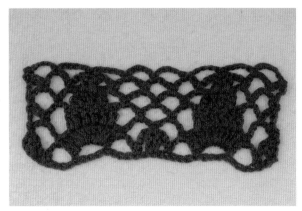

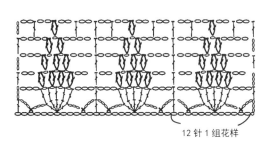

12 针 1 组花样

/306

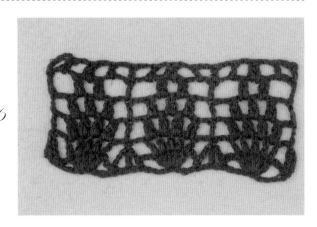

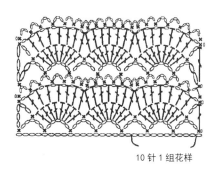

10 针 1 组花样

/307

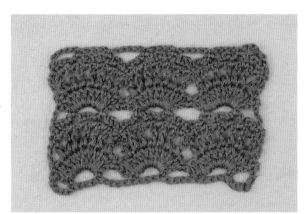

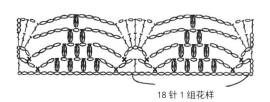

18 针 1 组花样

/308

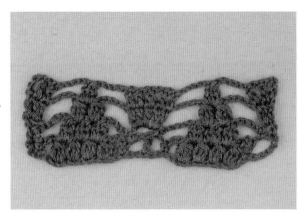

309/

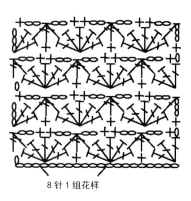

8 针 1 组花样

310/

15 针 1 组花样

311/

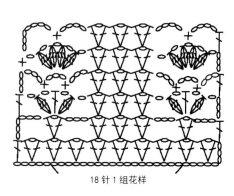

18 针 1 组花样

312/

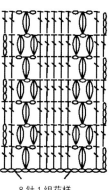

8 针 1 组花样

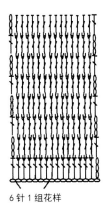

6 针 1 组花样

/313

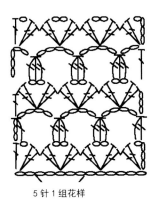

5 针 1 组花样

/314

8 针 1 组花样

/315

6 针 1 组花样

/316

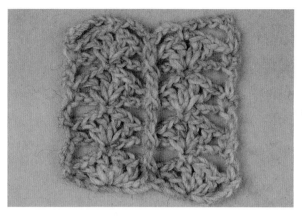

317/

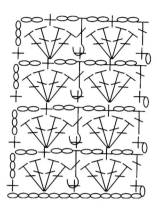

318/

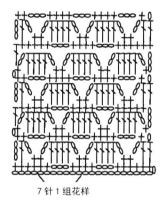

7 针 1 组花样

319/

6 针 1 组花样

320/

5 针 1 组花样

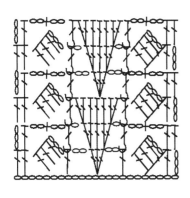

/321

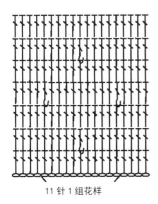

11 针 1 组花样

/322

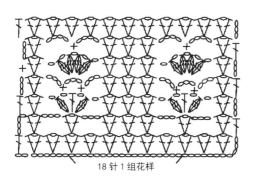

18 针 1 组花样

/323

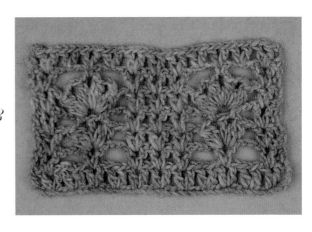

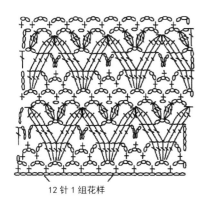

12 针 1 组花样

/324

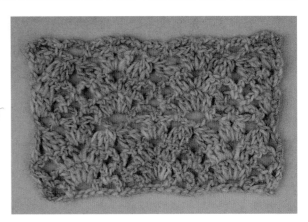

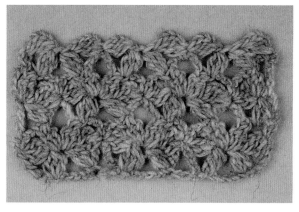

325/

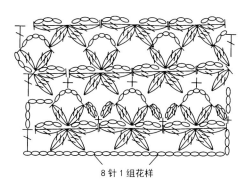

8 针 1 组花样

326/

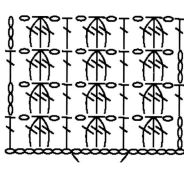

6 针 1 组花样

327/

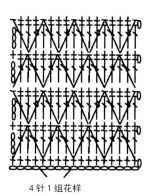

4 针 1 组花样

328/

8 针 1 组花样

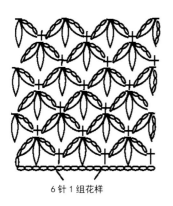

6 针 1 组花样

/329

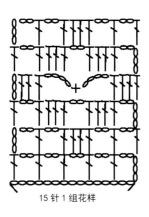

15 针 1 组花样

/330

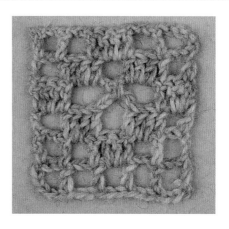

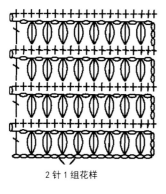

2 针 1 组花样

/331

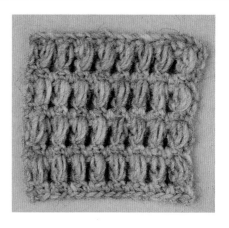

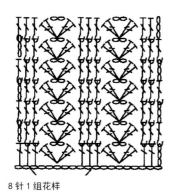

8 针 1 组花样

/332

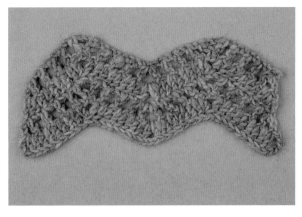

333 /

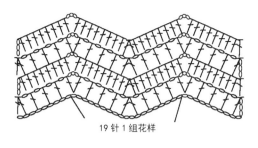

19 针 1 组花样

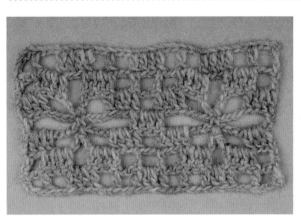

334 /

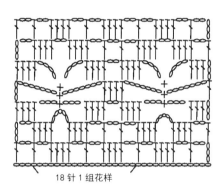

18 针 1 组花样

335 /

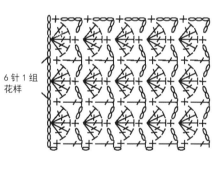

6 针 1 组
花样

336 /

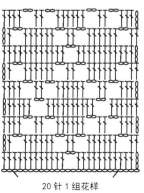

20 针 1 组花样

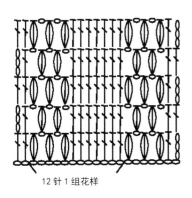

12 针 1 组花样

/337

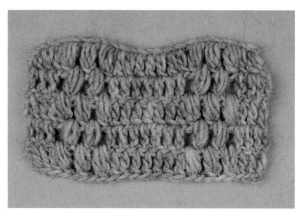

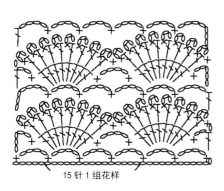

15 针 1 组花样

/338

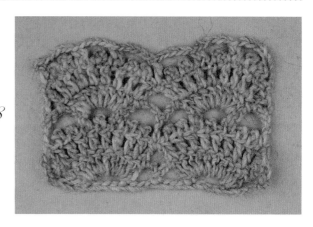

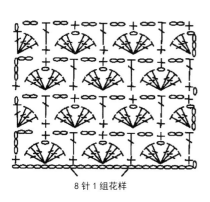

8 针 1 组花样

/339

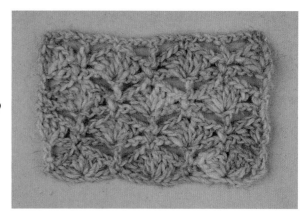

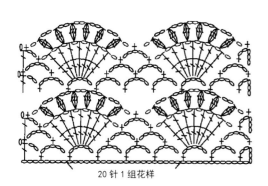

20 针 1 组花样

/340

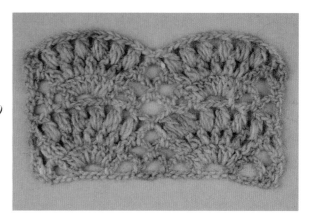

341/

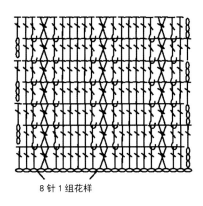

8 针 1 组花样

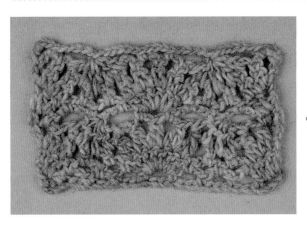

342/

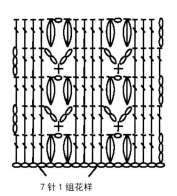

7 针 1 组花样

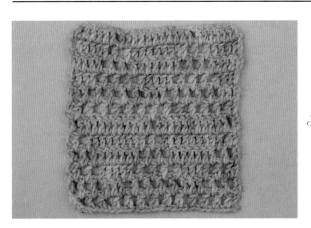

343/

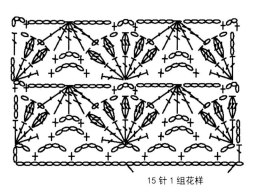

15 针 1 组花样

344/

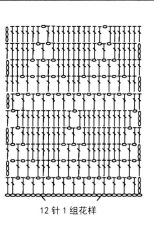

12 针 1 组花样

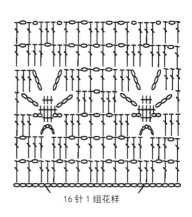

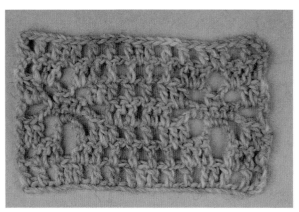

/345

16 针 1 组花样

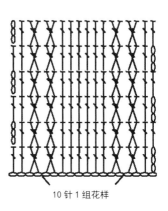

/346

10 针 1 组花样

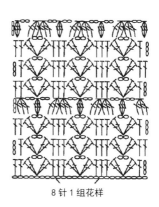

/347

8 针 1 组花样

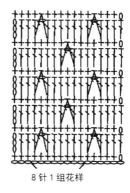
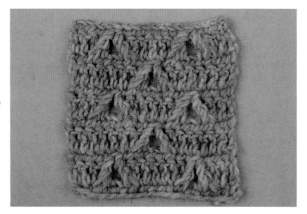

/348

8 针 1 组花样

349/

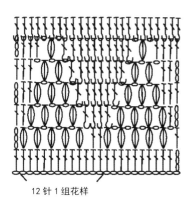

12 针 1 组花样

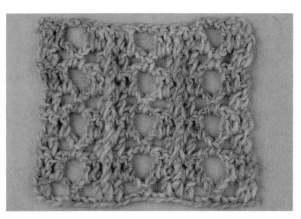

350/

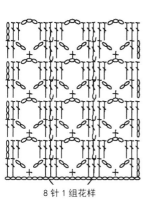

8 针 1 组花样

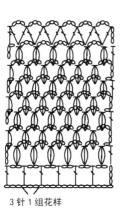

351/

3 针 1 组花样

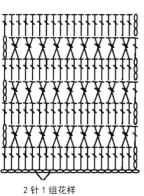

352/

2 针 1 组花样

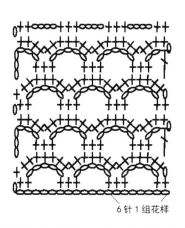

6针1组花样

/353

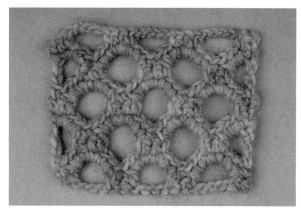

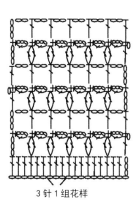

3针1组花样

/354

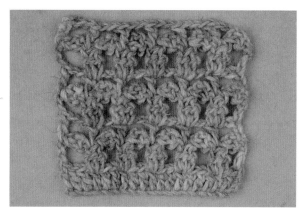

8针1组花样

/355

12针1组花样

/356

357/

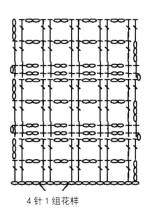

4 针 1 组花样

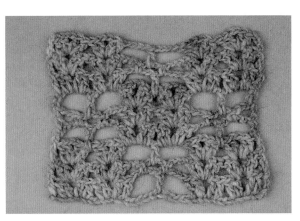

358/

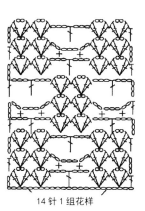

14 针 1 组花样

359/

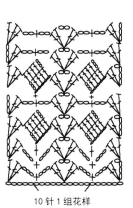

10 针 1 组花样

360/

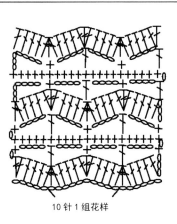

10 针 1 组花样

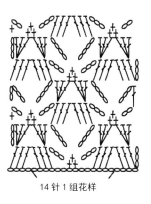

14 针 1 组花样

/361

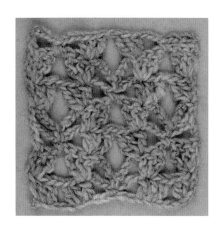

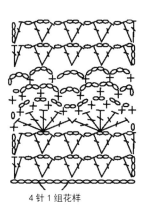

4 针 1 组花样

/362

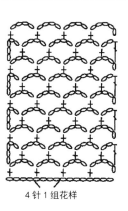

4 针 1 组花样

/363

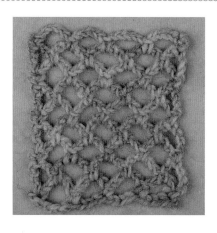

11 针 1 组花样

/364

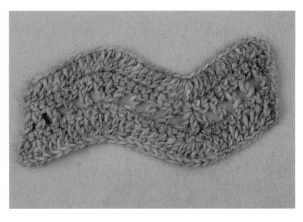

365/

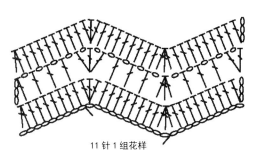

11 针 1 组花样

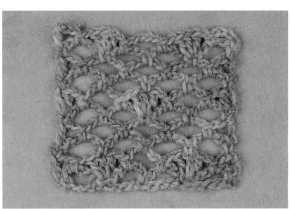

366/

10 针 1 组花样

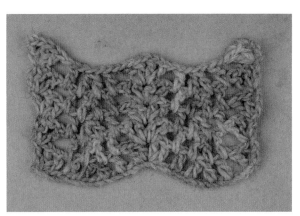

367/

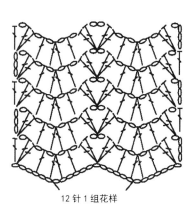

12 针 1 组花样

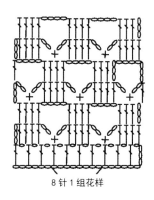

368/

8 针 1 组花样

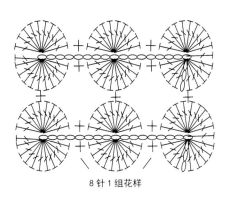

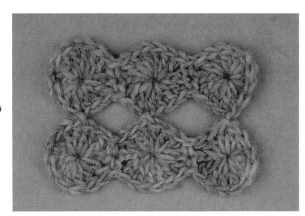

8针1组花样

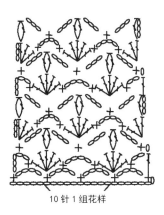

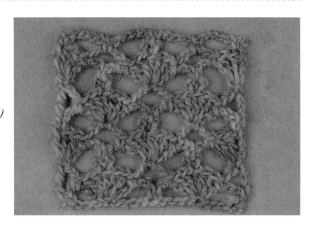

/369

10针1组花样

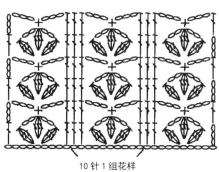

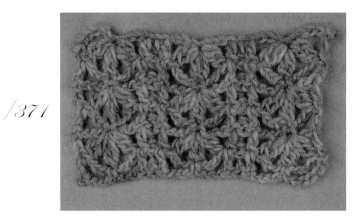

/370

10针1组花样

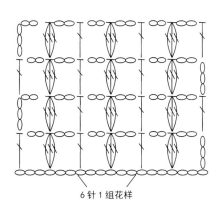

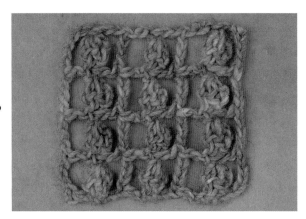

/371

6针1组花样

/372

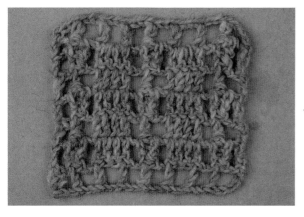

373/

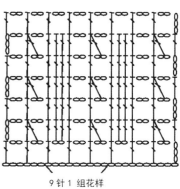

9 针 1 组花样

374/

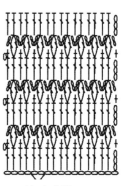

2 针 1 组花样

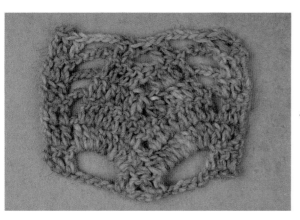

375/

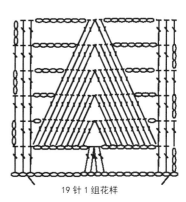

19 针 1 组花样

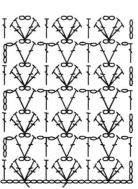

376/

7 针 1 组花样

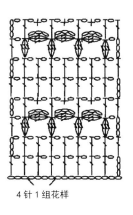

4 针 1 组花样

/377

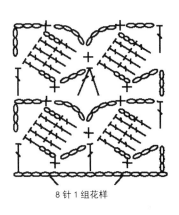

8 针 1 组花样

/378

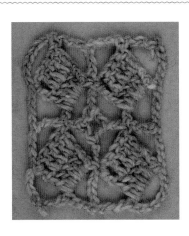

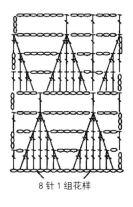

8 针 1 组花样

/379

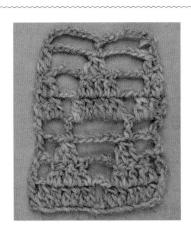

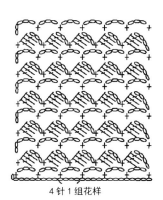

4 针 1 组花样

/380

381/

8 针 1 组花样

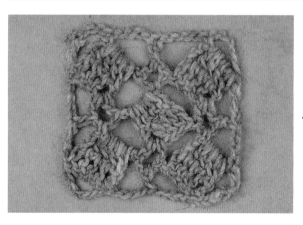

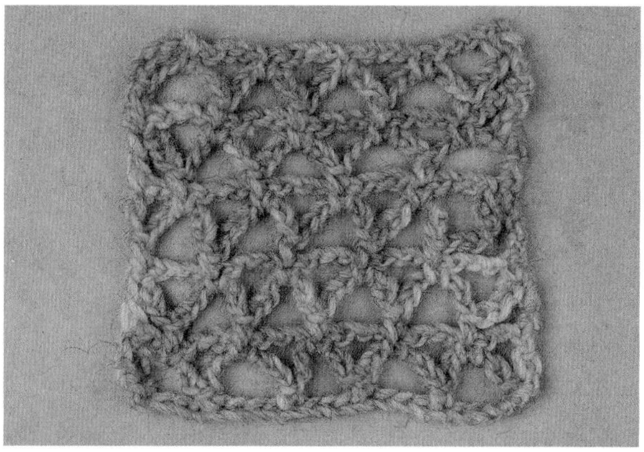

382/

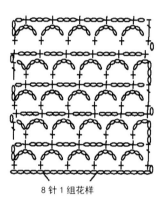

8 针 1 组花样

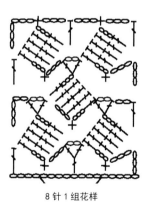

383/

8 针 1 组花样

384/

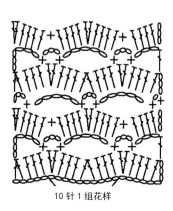

10 针 1 组花样

4 针 1 组花样

/385

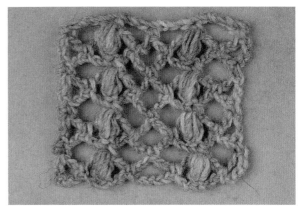

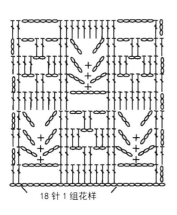

18 针 1 组花样

/386

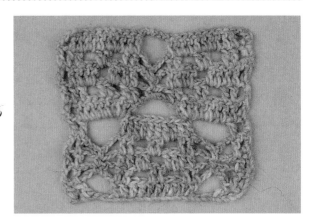

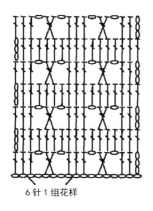

6 针 1 组花样

/387

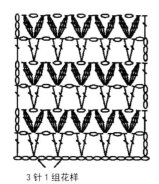

3 针 1 组花样

/388

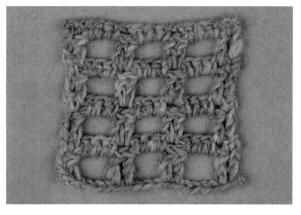

389/

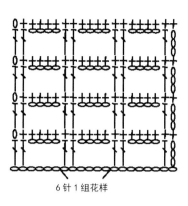

6 针 1 组花样

390/

6 针 1 组花样

391/

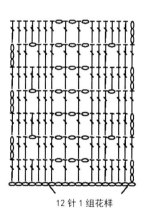

12 针 1 组花样

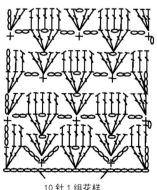

392/

10 针 1 组花样

10 针 1 组花样

/393

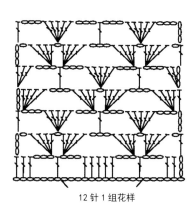

12 针 1 组花样

/394

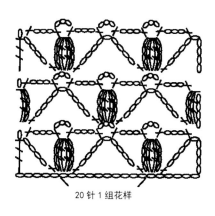

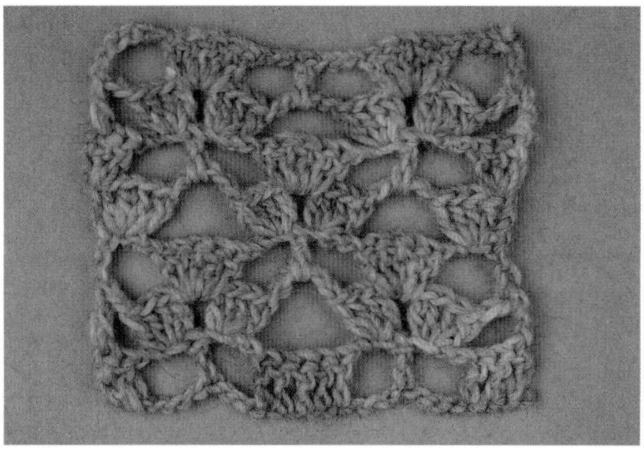

20 针 1 组花样

/395

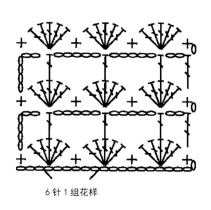

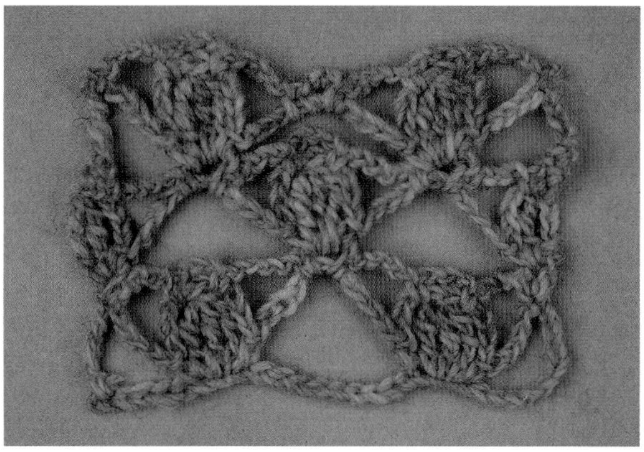

6 针 1 组花样

/396

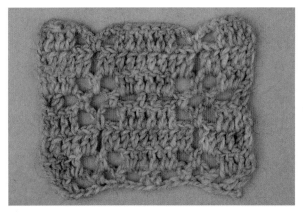

397/

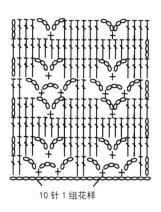

10 针 1 组花样

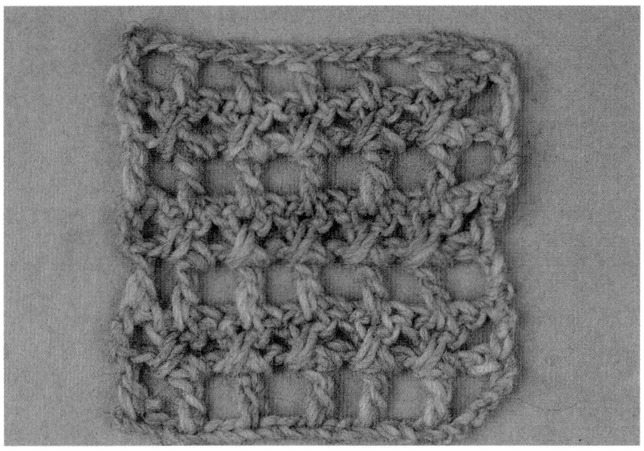

398/

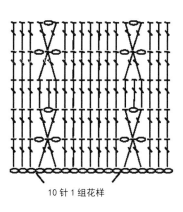

4 针 1 组花样

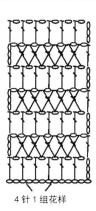

399/

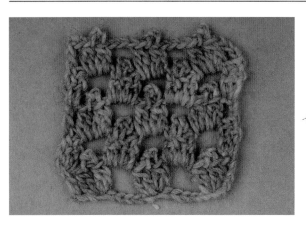

10 针 1 组花样

400/

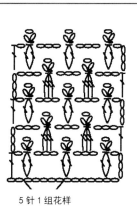

5 针 1 组花样

10 针 1 组花样

401

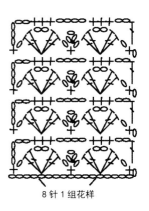

8 针 1 组花样

/402

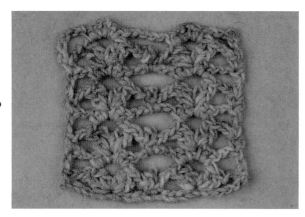

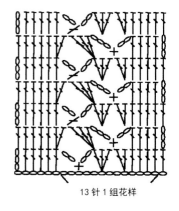

13 针 1 组花样

/403

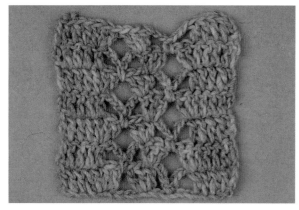

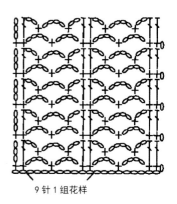

9 针 1 组花样

/404

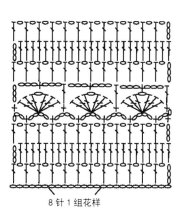

405/

8 针 1 组花样

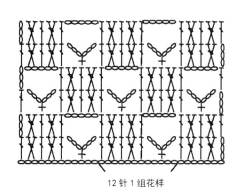

406/

12 针 1 组花样

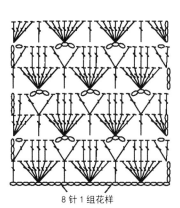

407/

8 针 1 组花样

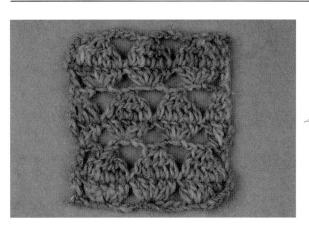

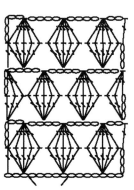

408/

5 针 1 组花样

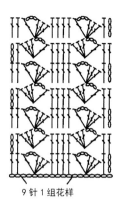

9 针 1 组花样

/409

8 针 1 组花样

/410

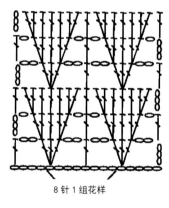

8 针 1 组花样

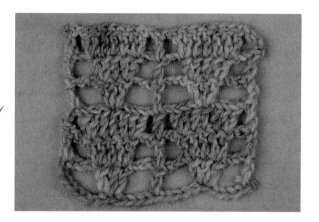

/411

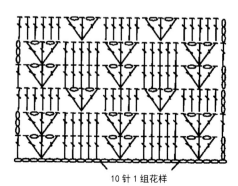

10 针 1 组花样

/412

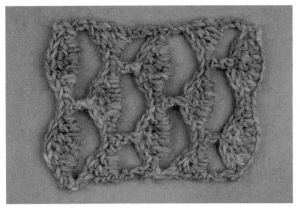

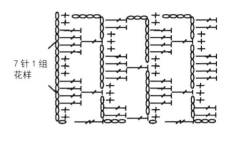

413/

7针1组
花样

414/

5针1组花样

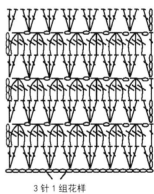

415/

3针1组花样

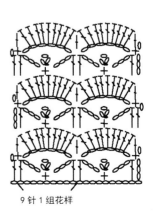

416/

9针1组花样

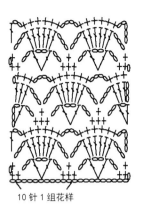

10 针 1 组花样

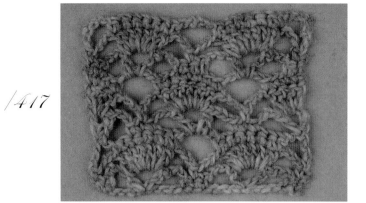

/417

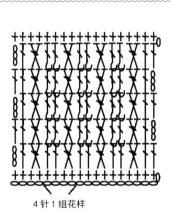

4 针 1 组花样

/418

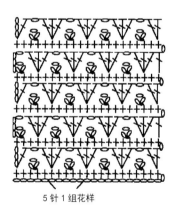

5 针 1 组花样

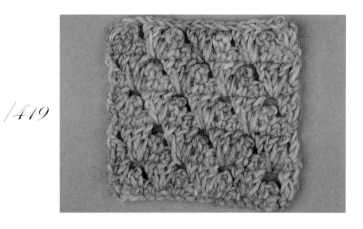

/419

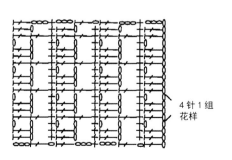

4 针 1 组
花样

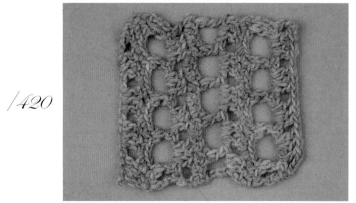

/420

421/

16 针 1 组花样

422/

15 针 1 组花样

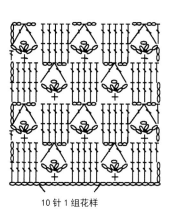

423/

10 针 1 组花样

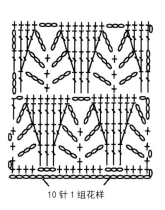

424/

10 针 1 组花样

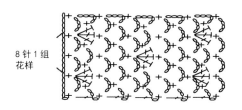

8针1组
花样

/425

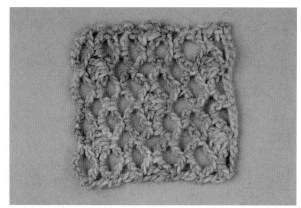

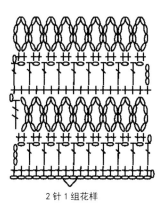

2针1组花样

/426

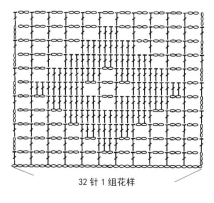

32针1组花样

/427

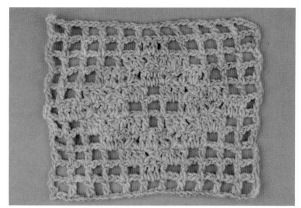

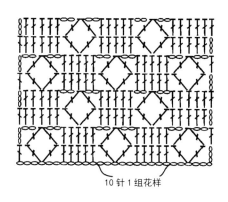

10针1组花样

/428

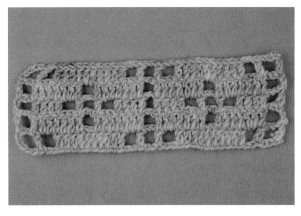

429/

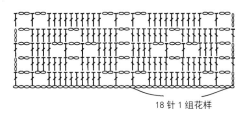

18 针 1 组花样

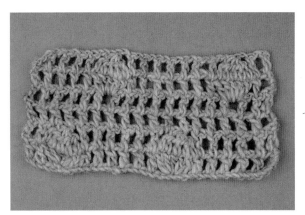

430/

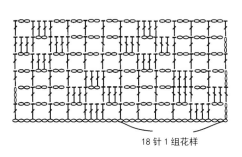

18 针 1 组花样

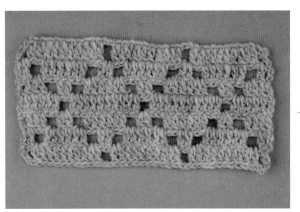

431/

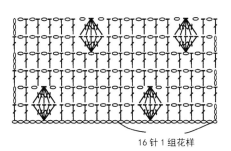

16 针 1 组花样

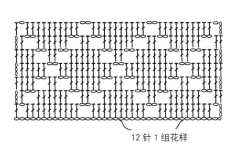

432/

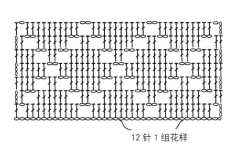

12 针 1 组花样

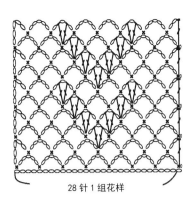

28 针 1 组花样

/433

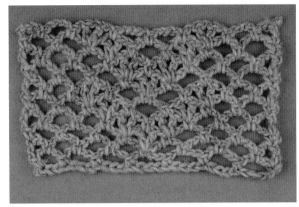

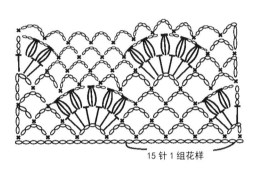

15 针 1 组花样

/434

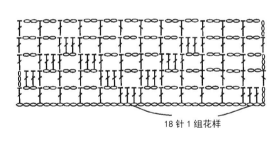

18 针 1 组花样

/435

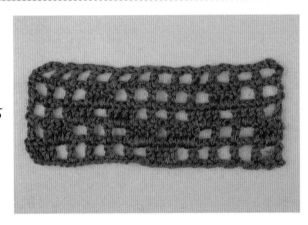

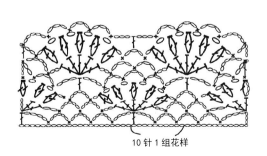

10 针 1 组花样

/436

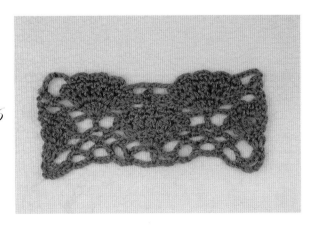

437/

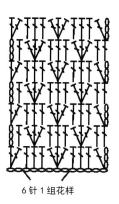

6针1组花样

438/

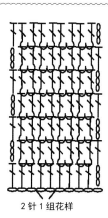

2针1组花样

439/

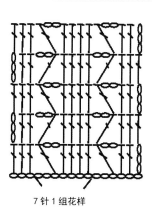

7针1组花样

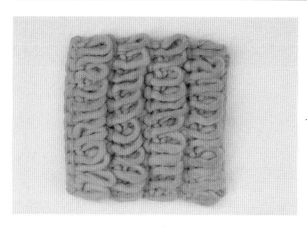

440/

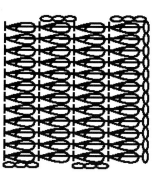

1针1组花样

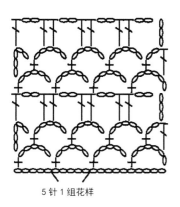

5 针 1 组花样

 /441

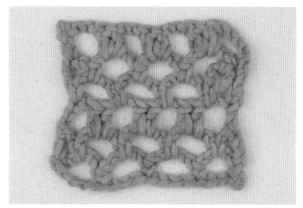

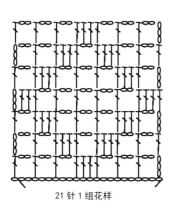

21 针 1 组花样

/442

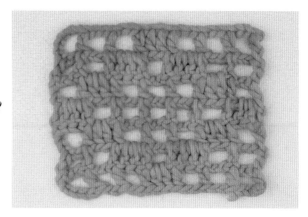

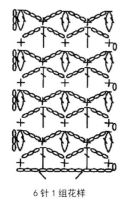

6 针 1 组花样

/443

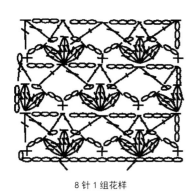

8 针 1 组花样

/444

445/

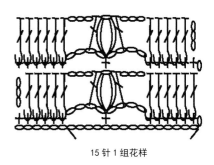

15针1组花样

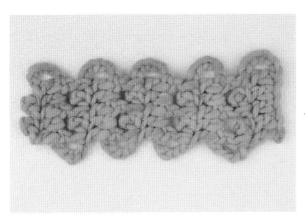

446/

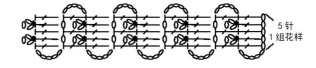

5针1组花样

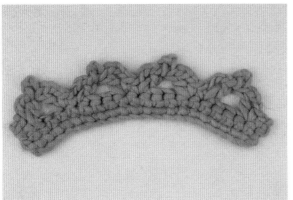

447/

5针1组花样

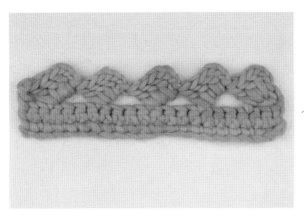

448/

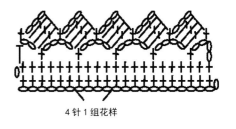

4针1组花样

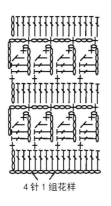

4针1组花样

/449

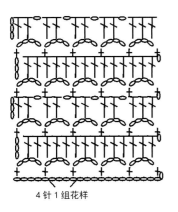

4针1组花样

/450

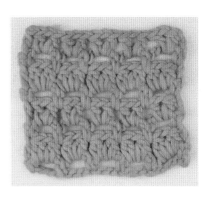

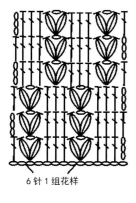

6针1组花样

/451

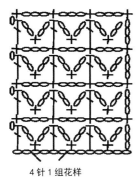

4针1组花样

/452

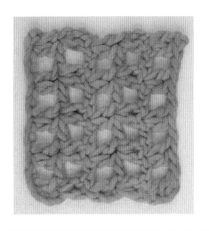

453/

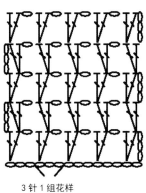

3针1组花样

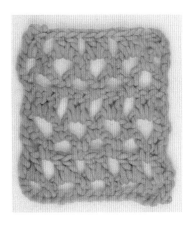

454/

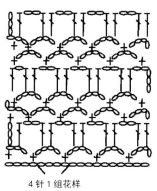

4针1组花样

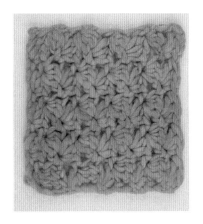

455/

3针1组花样

456/

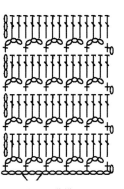

3针1组花样

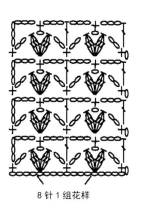

8 针 1 组花样

/457

6 针 1 组花样

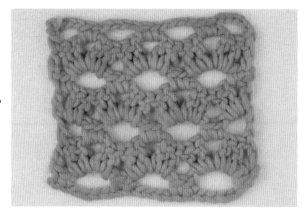

/458

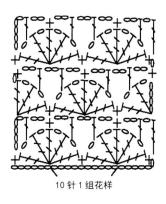

10 针 1 组花样

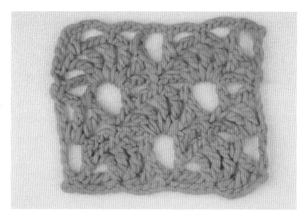

/459

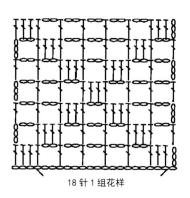

18 针 1 组花样

/460

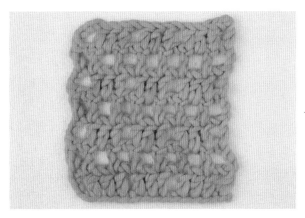

461/

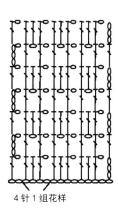

4 针 1 组花样

462/

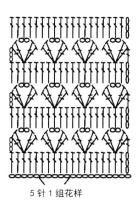

5 针 1 组花样

463/

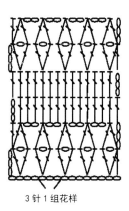

3 针 1 组花样

464/

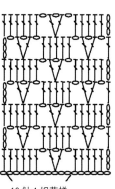

10 针 1 组花样

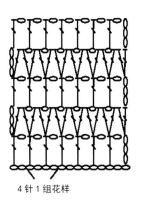

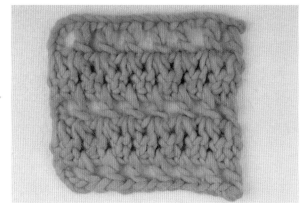

4针1组花样

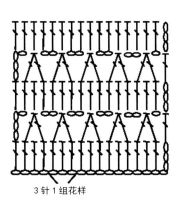

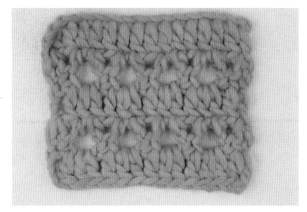

/465

3针1组花样

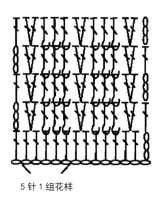

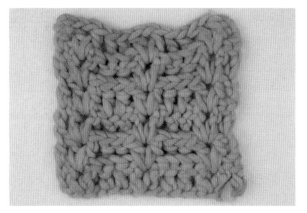

/466

5针1组花样

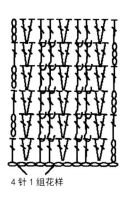

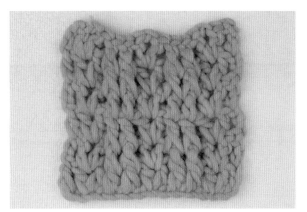

/467

4针1组花样

/468

469/

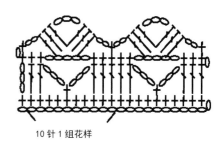

10 针 1 组花样

470/

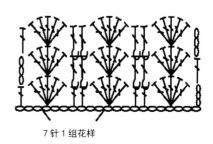

7 针 1 组花样

471/

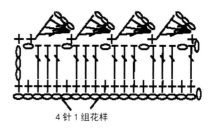

4 针 1 组花样

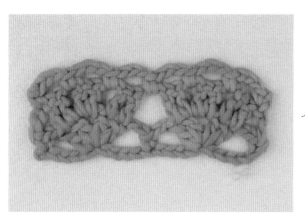

472/

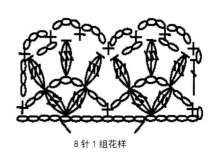

8 针 1 组花样

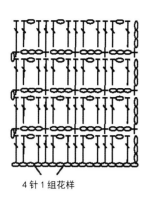

4针1组花样

/473

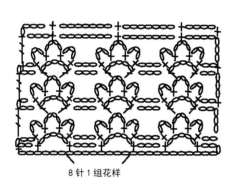

8针1组花样

/474

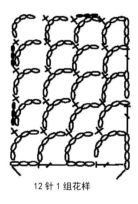

12针1组花样

/475

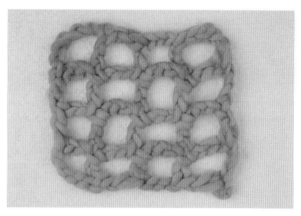

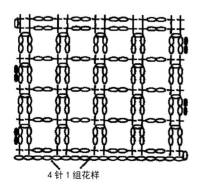

4针1组花样

/476

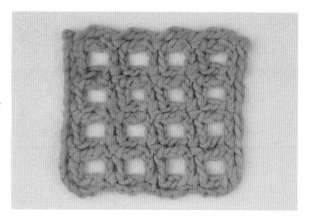

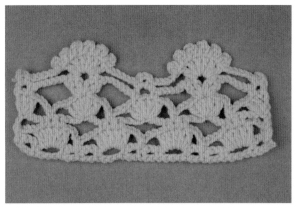

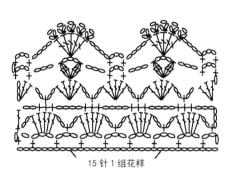

477/

15 针 1 组花样

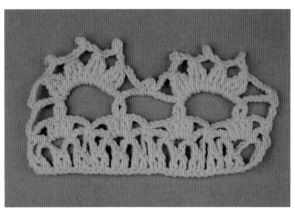

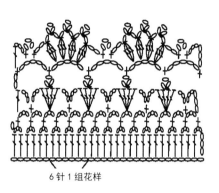

478/

6 针 1 组花样

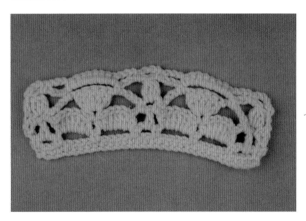

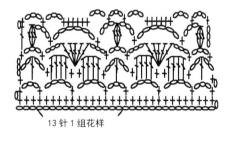

479/

13 针 1 组花样

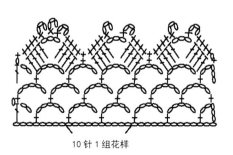

480/

10 针 1 组花样

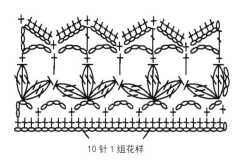

10 针 1 组花样

/481

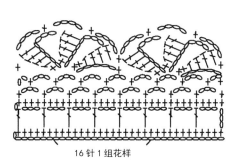

16 针 1 组花样

/482

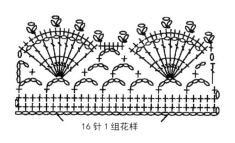

16 针 1 组花样

/483

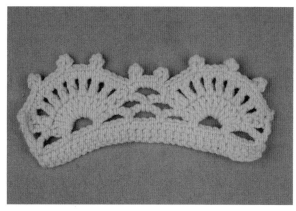

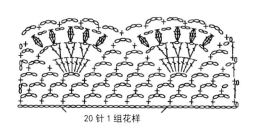

20 针 1 组花样

/484

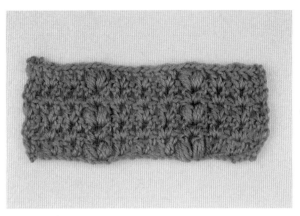

485/

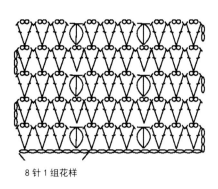

8 针 1 组花样

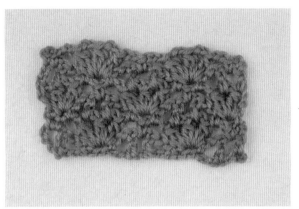

486/

9 针 1 组花样

487/

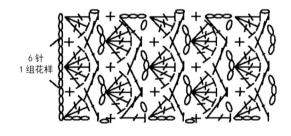

6 针
1 组花样

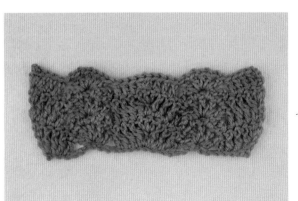

488/

14 针 1 组花样

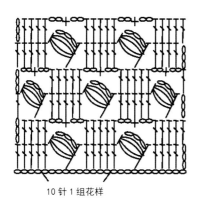

10 针 1 组花样

/489

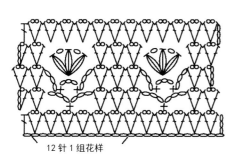

12 针 1 组花样

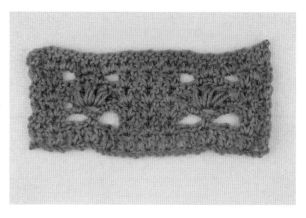

/490

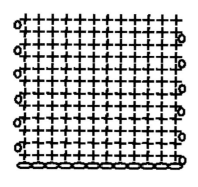

/491

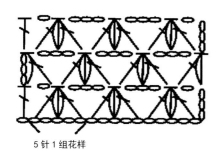

5 针 1 组花样

/492

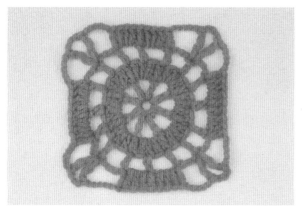

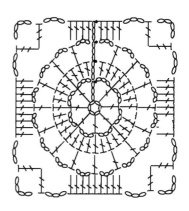

493/

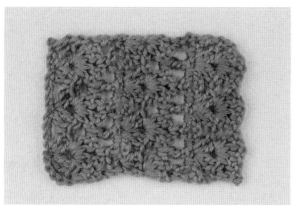

494/

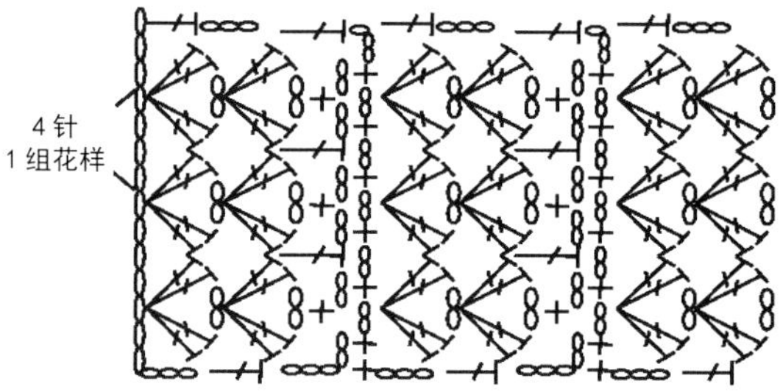

4 针
1 组花样

495/

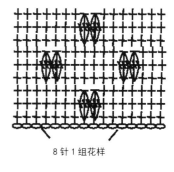

8 针 1 组花样

496/

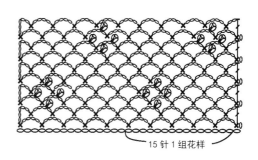

15 针 1 组花样

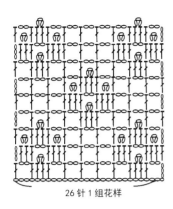

26 针 1 组花样

/497

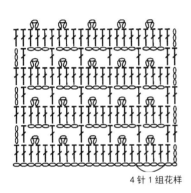

4 针 1 组花样

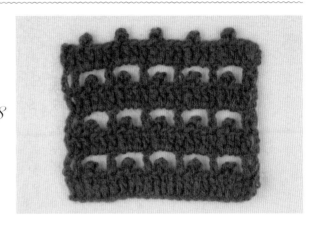

/498

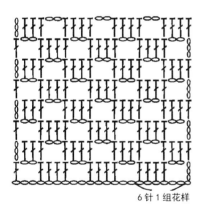

6 针 1 组花样

/499

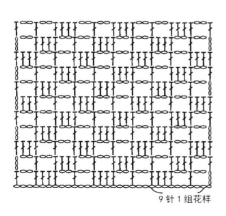

9 针 1 组花样

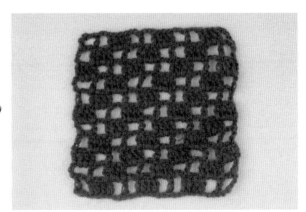

/500

501/

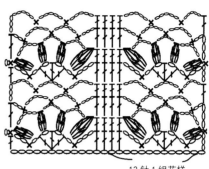

12 针 1 组花样

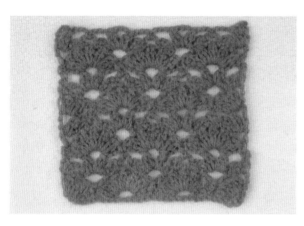

502/

8 针 1 组花样

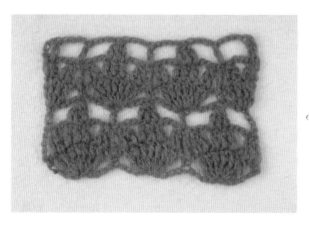

503/

8 针 1 组花样

504/

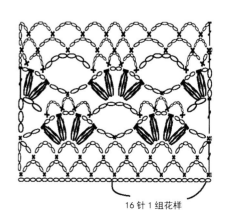

16 针 1 组花样

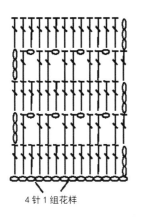

4 针 1 组花样

/505

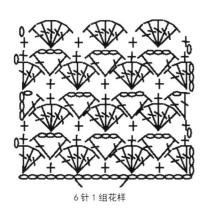

6 针 1 组花样

/506

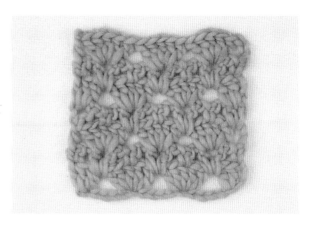

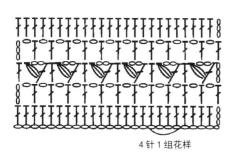

4 针 1 组花样

/507

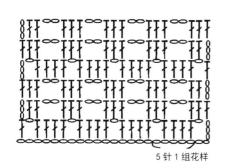

5 针 1 组花样

/508

509/

7针1组花样

510/

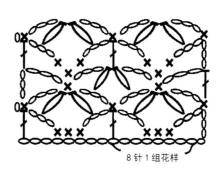

8针1组花样

511/

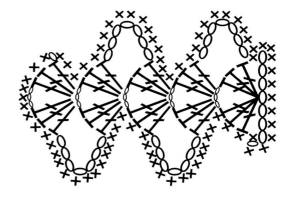

512/

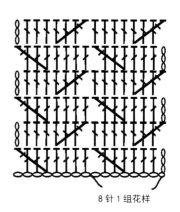

8针1组花样

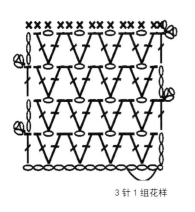

3 针 1 组花样

/513

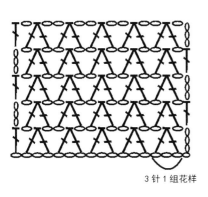

3 针 1 组花样

/514

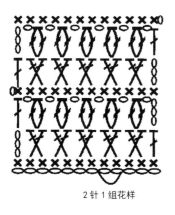

2 针 1 组花样

/515

10 针 1 组花样

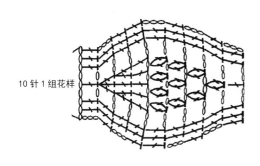

/516

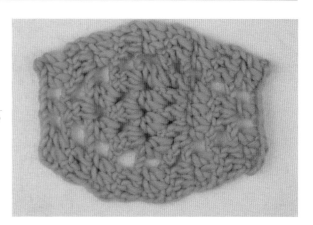

517/

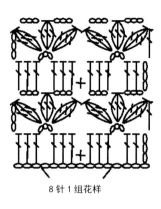

8 针 1 组花样

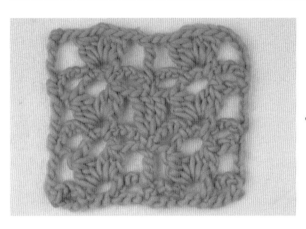

518/

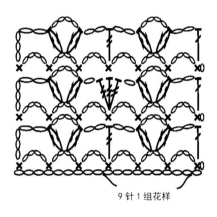

9 针 1 组花样

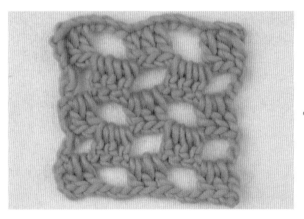

519/

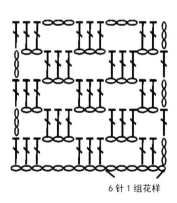

6 针 1 组花样

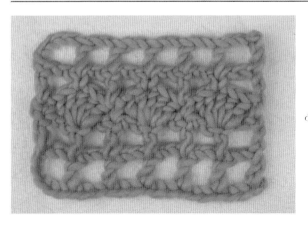

520/

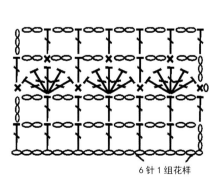

6 针 1 组花样

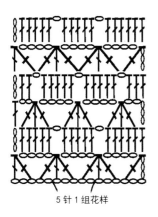

5 针 1 组花样

/521

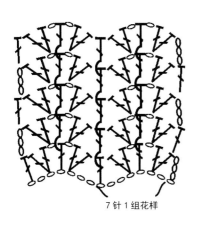

7 针 1 组花样

/522

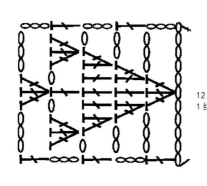

12 针
1 组花样

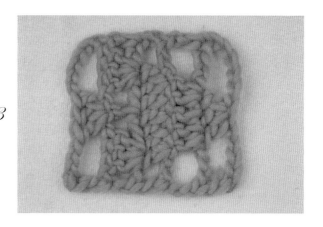

/523

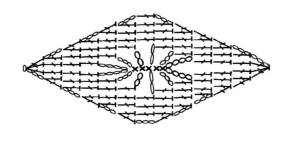

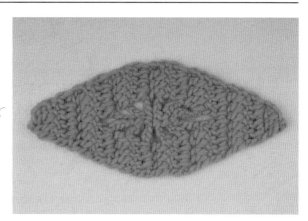

/524

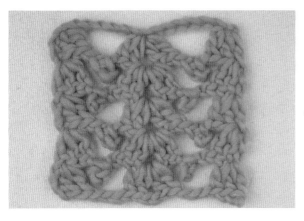

525/

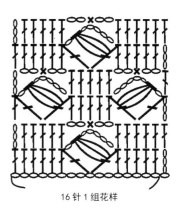

16 针 1 组花样

526/

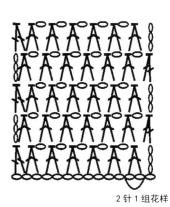

2 针 1 组花样

527/

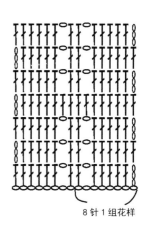

8 针 1 组花样

528/

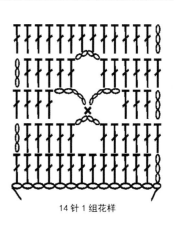

14 针 1 组花样

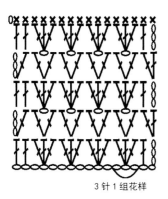

3 针 1 组花样

/529

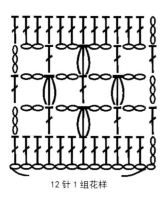

12 针 1 组花样

/530

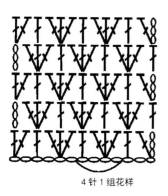

4 针 1 组花样

/531

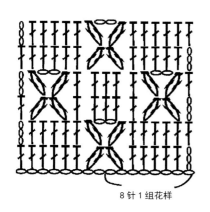

8 针 1 组花样

/532

533/

10 针 1 组花样

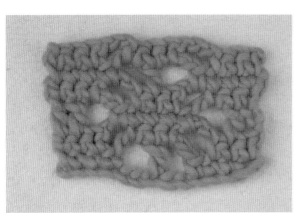

534/

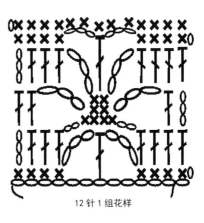

12 针 1 组花样

535/

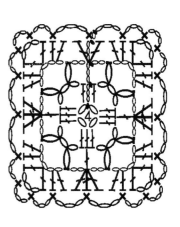

536/

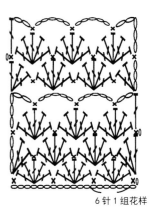

6 针 1 组花样

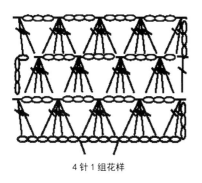

4 针 1 组花样

/537

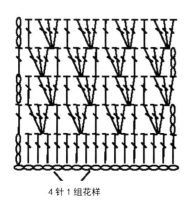

4 针 1 组花样

/538

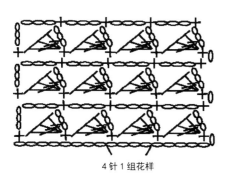

4 针 1 组花样

/539

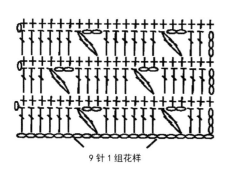

9 针 1 组花样

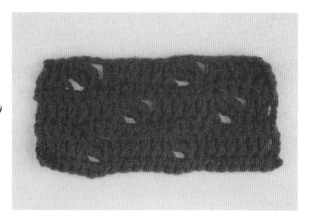

/540

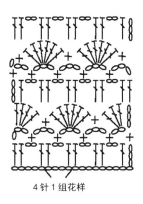

541/

4 针 1 组花样

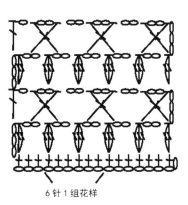

542/

6 针 1 组花样

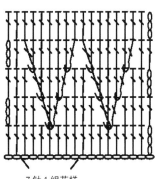

543/

7 针 1 组花样

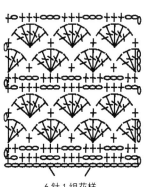

544/

6 针 1 组花样

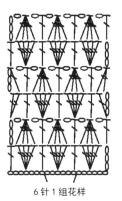

6 针 1 组花样

/545

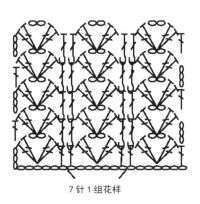

7 针 1 组花样

/546

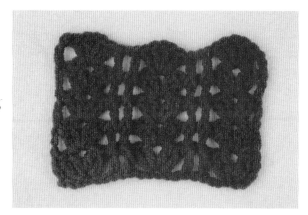

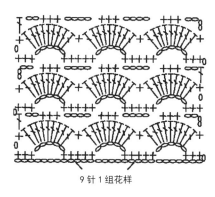

9 针 1 组花样

/547

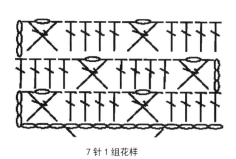

7 针 1 组花样

/548

549/

3针1组花样

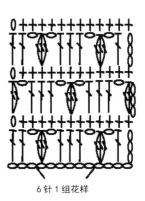

550/

6针1组花样

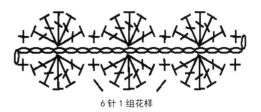

551/

6针1组花样

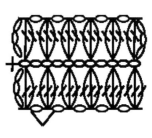

552/

2针1组花样

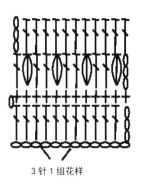

3 针 1 组花样

/553

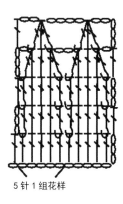

5 针 1 组花样

/554

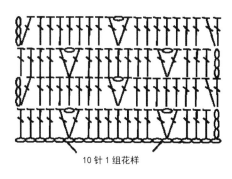

10 针 1 组花样

/555

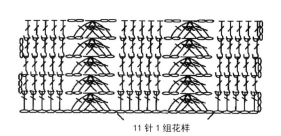

11 针 1 组花样

/556

557/

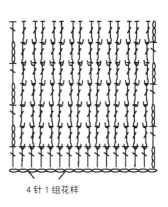

4 针 1 组花样

558/

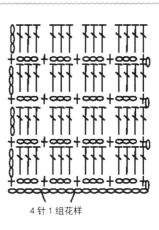

4 针 1 组花样

559/

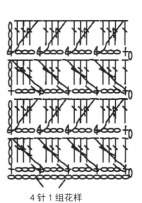

4 针 1 组花样

560/

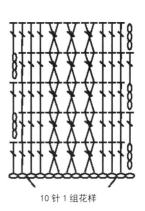

10 针 1 组花样

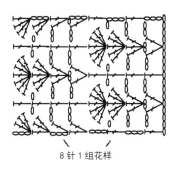

8 针 1 组花样

/561

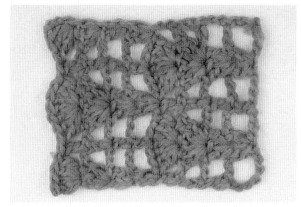

12 针 1 组花样

/562

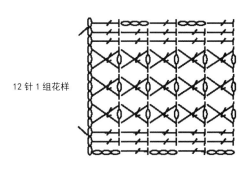

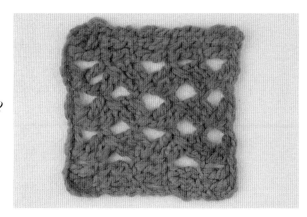

10 针 1 组花样

/563

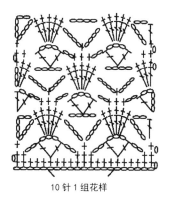

8 针 1 组花样

/564

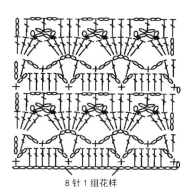

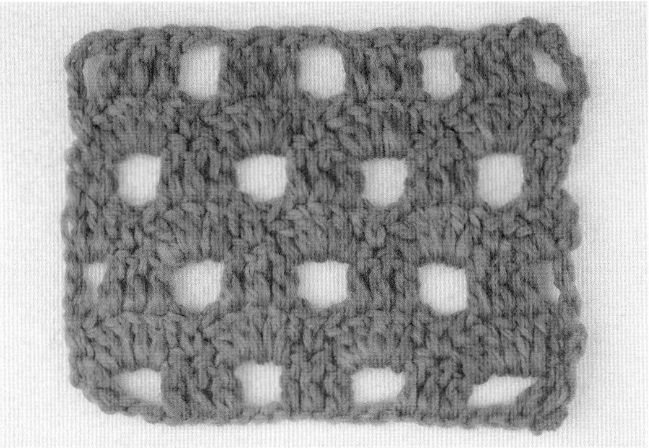

565/

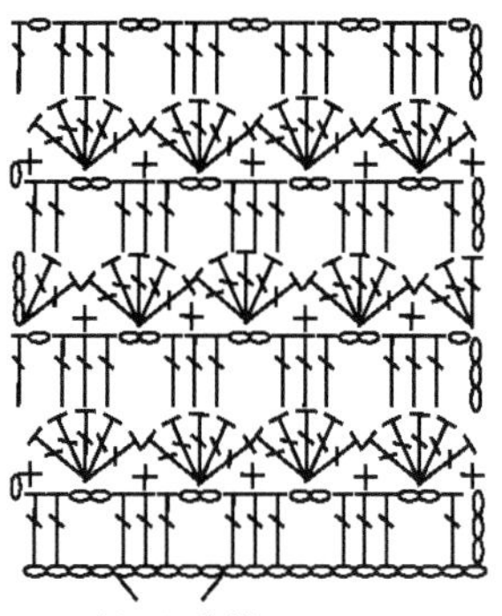

5针1组花样

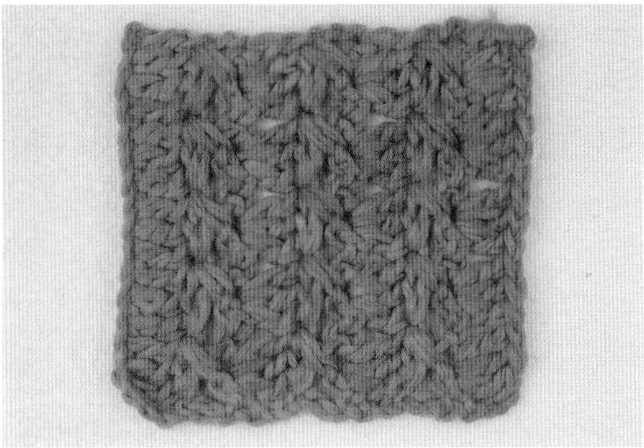

566/

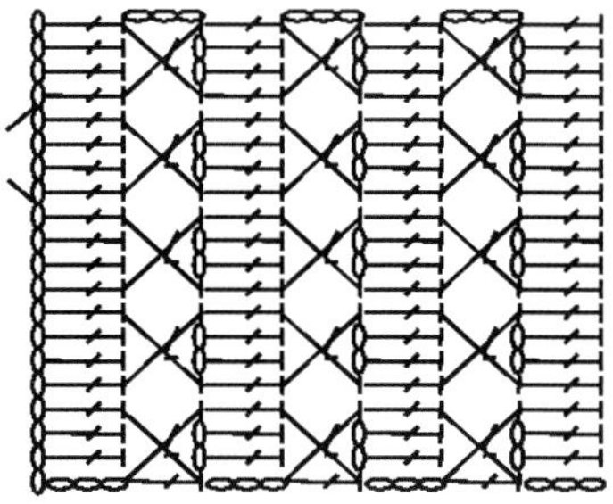

4针1组花样

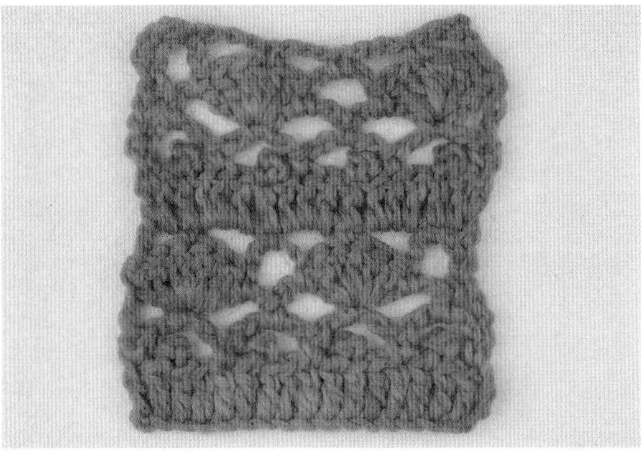

567/

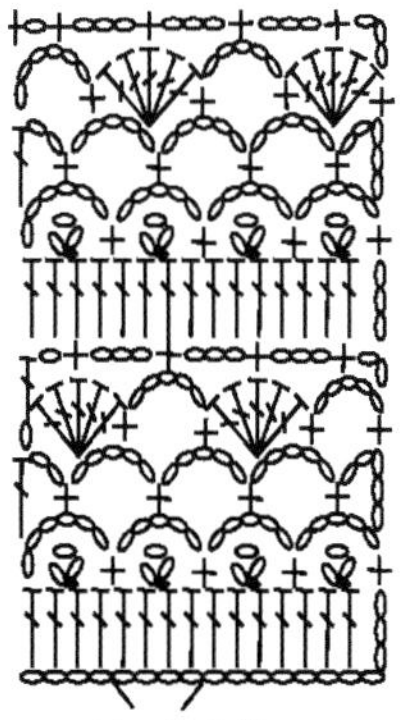

4针1组花样

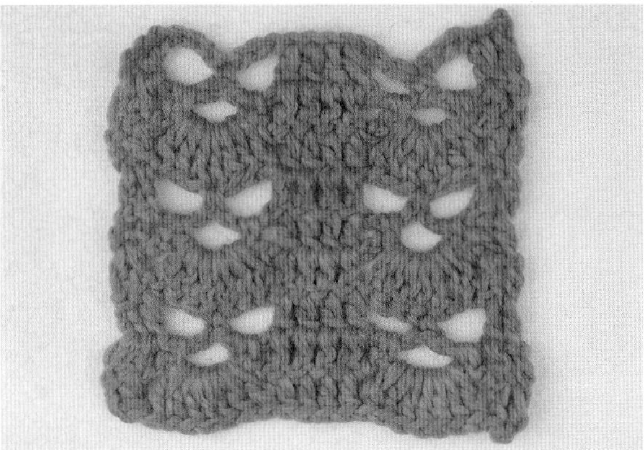

568/

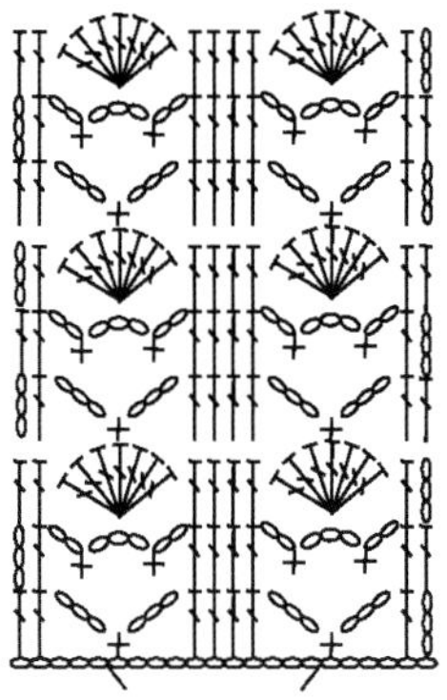

11针1组花样

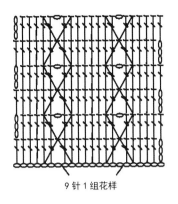

9 针 1 组花样

/569

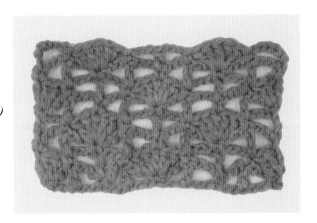

9 针 1 组花样

/570

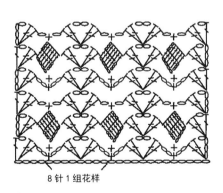

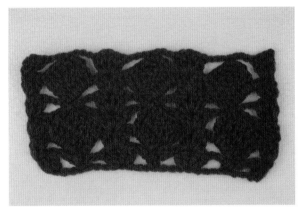

8 针 1 组花样

/571

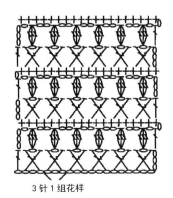

3 针 1 组花样

/572

573/

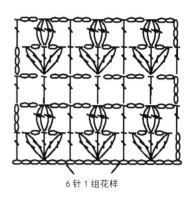

6针1组花样

574/

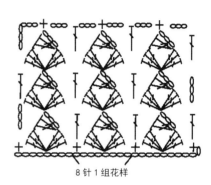

8针1组花样

575/

5针1组花样

576/

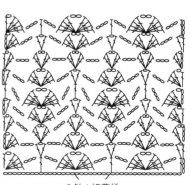

8针1组花样

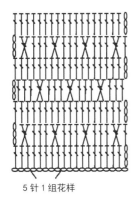

/577

5 针 1 组花样

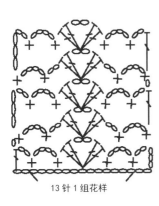

/578

13 针 1 组花样

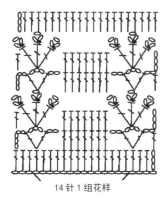

/579

14 针 1 组花样

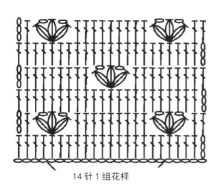

/580

14 针 1 组花样

581/

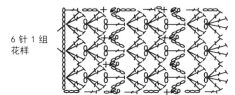

6 针 1 组
花样

582/

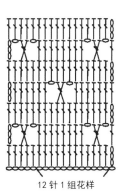

12 针 1 组花样

583/

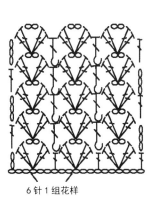

6 针 1 组花样

584/

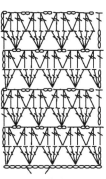

4 针 1 组花样

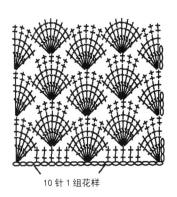

10 针 1 组花样

/585

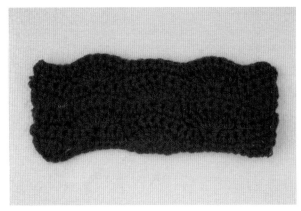

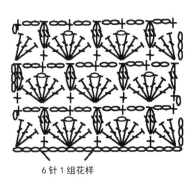

6 针 1 组花样

/586

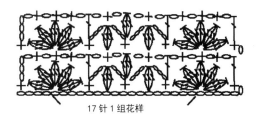

17 针 1 组花样

/587

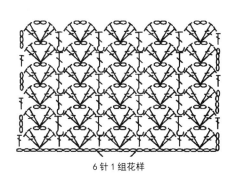

6 针 1 组花样

/588

589/

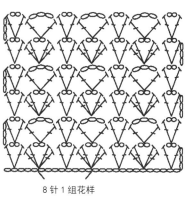

8 针 1 组花样

590/

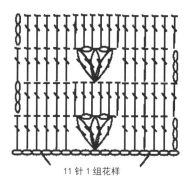

11 针 1 组花样

591/

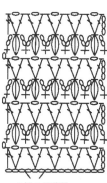

3 针 1 组花样

592/

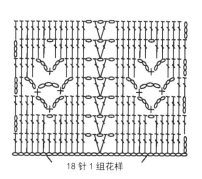

18 针 1 组花样

5 针 1 组花样

/593

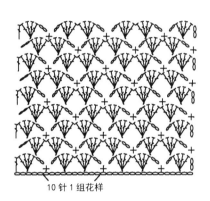

10 针 1 组花样

/594

4 针 1 组花样

/595

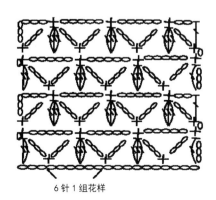

6 针 1 组花样

/596

597/

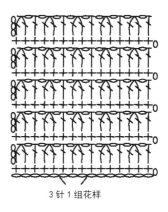

3 针 1 组花样

598/

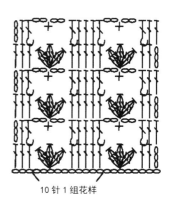

10 针 1 组花样

599/

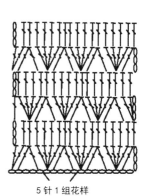

5 针 1 组花样

600/

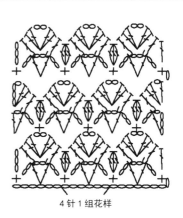

4 针 1 组花样